野菜の病気と害虫

図解

米山伸吾［著］

伝染環・生活環と防除のポイント

農文協

まえがき

　病気や害虫を防ぐには，病原菌や害虫の生活史と栽培する植物とのかかわり（伝染環，生活環）を十分に理解し，病原菌や害虫が発生しないような栽培管理を行ない，栽培管理の一環として伝染環・生活環を断つことである。これが生態的防除であり，防除の基本でもある。農薬による防除でも，病原菌や害虫による伝染・寄生や飛来，繁殖，活動を防ぐ的確なタイミングでの使用によって，確実に防除でき，それが減農薬にもつながる。そして，病気や害虫が発生したときは，生態的防除を第一にし，そのうえで薬剤防除を組み合わせるようにして防除対策を行なうべきで，はじめから薬剤に依存してはならない。

　本書は，そうした生態防除と薬剤防除を組み合わせた防除に役立つことを目的に，病原菌や害虫の伝染環，生活環と栽培植物とのかかわりを図解によって示したものである。本書に記載した病原菌や害虫の伝染環，生活環の図は，科学的に正確であることを第一に心がけたが，未熟な著者によって描かれた図であるため，本来の形態と異なったり，あるいは稚拙，または全体に不統一であったりする点があるかもしれない。しかし，本書のめざすところは適切な防除であり，作物図鑑でも病原菌や害虫図鑑でもないことに鑑み，ご寛容くださるようお願いしたい。なお，病気の項は野菜の例で紹介しているが，花や果樹とも重なる病気が多いので，参考にしていただけるはずである。

　本書の執筆にあたっては，多くの成書を参考にさせていただいた。それらをご執筆された研究者の方々に厚くお礼を申し上げる。また，活用あるいは引用させていただいた報文，論文の数は多数にのぼった。活用，引用させていただいた一つひとつについて記さなかったが，それらの執筆者の方々には心からお礼を申し上げる。さらに，執筆過程では，病気については堀江博道氏，害虫については鹿島哲郎氏にご協力をいただき，両氏には心からお礼を申し上げる。本書は『図説　野菜の病気と害虫　伝染環・生活環と防除法』（農文協刊）を再編・改訂したものであるが，再編・改訂についてご了解いただいた根本久氏と上田康郎氏に心から感謝申し上げる。最後に，多くのわがままを通させていただいた，農文協の編集担当者の方にもお礼を申し上げる。

　高品質な農産物の安定的な生産が行なわれるために，本書が現場の農業技術者や，野菜をはじめ果樹，花などの生産農家，あるいは家庭菜園や園芸愛好家の方々の病害や虫害防除の一助になることを願ってやまない。読者諸賢の適切なご意見やご叱正をお願いする次第である。

　2019 年 11 月

米山 伸吾

図解　伝染環・生活環と防除のポイント　　　まえがき……1
目 次

［病害編］－ 5

ウイルス病

1　汁液伝染によるウイルス病（トマトモザイク病〈ToMV〉）……………6

2　土壌伝染によるウイルス病（トマトモザイク病〈ToMV〉）……………8

3　アブラムシ媒介によるウイルス病（ダイコンモザイク病〈TuMV〉）……………10

4　コナジラミ媒介によるウイルス病（キュウリ黄化病〈BPYV〉）……………12

5　アザミウマ媒介によるウイルス病（ピーマン黄化えそ病〈TSWV〉）……………14

6　土壌線虫，その他の昆虫の媒介によるウイルス病（メロンモザイク病〈ToRSV〉）……………16

7　菌類媒介によるウイルス病（レタスビッグベイン病〈LBVaV,MLBVV〉，*Olpidium* 菌媒介）……………18

ファイトプラズマ病

8　ヨコバイ類媒介によるファイトプラズマ病（ミツバてんぐ巣病－ファイトプラズマ）……………20

細菌病

9　斑点性の細菌病（キュウリ斑点細菌病－*Pseudomonas* 属菌）……………22

10　黒腐病（キャベツ黒腐病－*Xanthomonas* 属菌）……………24

11　青枯病（ナス青枯病－*Ralstonia* 属菌）……………26

12　軟腐病（ハクサイ軟腐病－*Erwinia* 属菌）……………28

13　かいよう病（トマトかいよう病－*Clavibacter* 属菌）……………30

菌類病

14　根こぶ病（ハクサイ根こぶ病－*Plasmodiophora* 属菌）……………32

15　*Aphanomyces* 属菌による根腐病（インゲンマメ根腐病－*Aphanomyces* 属菌）……………34

16　白さび病（ダイコン白さび病－*Albugo* 属菌）……………36

17　べと病（キュウリべと病－*Pseudoperonospora* 属菌）……………38

18　べと病（ホウレンソウべと病－*Peronospora* 属菌）……………40

19　疫病（ピーマン疫病－*Phytophthora* 属菌）……………42

20　ピシウム腐敗病（ショウガ根茎腐敗病－*Pythium* 属菌）……………44

21　うどんこ病（イチゴうどんこ病－*Podosphaera* 属菌）……………46

22　黒点根腐病（メロン黒点根腐病－*Monosporascus* 属菌）……………48

23　菌核病（キュウリ菌核病－*Sclerotinia* 属菌）……………50

24　炭疽病（イチゴ炭疽病－*Glomerella* 属菌）……………52

25　炭疽病（キュウリ炭疽病－*Colletotrichum* 属菌）……………54

26　そうか病（ラッカセイそうか病－*Sphaceloma* 属菌）……………56

27　すそ枯病（レタスすそ枯病－*Rhizoctonia* 属菌）……………58

28　白絹病（ダイズ（エダマメ）白絹病－*Sclerotium* 属菌）……………60

29　さび病（ネギさび病－*Puccinia* 属菌）……………62

30　灰色かび病（キュウリ灰色かび病－*Botrytis* 属菌）……………64

31　半身萎凋病（ナス半身萎凋病－*Verticillium* 属菌）……………66

32　つる割病（メロンつる割病－*Fusarium oxysporum* 属菌）……………68

33　つる枯病（メロンつる枯病－*Didymella* 属菌）……………70

34　茎枯病（アスパラガス茎枯病－*Phomopsis* 属菌）……………72

35　輪紋病（トマト輪紋病－*Alternaria* 属菌）……………74

［害虫編］ － *77*

1	ハスモンヨトウ（*Spodoptera litura*）	…………78
2	ヨトウムシ（ヨトウガ）（*Mamestra brassicae*）	…………79
3	タバコガ（*Helicovera assulta*）	…………80
4	タマナギンウワバ（*Autographa nigrisigna*）	…………81
5	ネキリムシ類（カブラヤガ（*Agrotis segetum*），タマナヤガ（*Agrotis ipsilon*））	…………82
6	コナガ（*Plutella xylostella*）	…………83
7	アワノメイガ（*Ostrinia furnacalis*）	…………84
8	アオムシ（モンシロチョウ）（*Pieris rapae*）	…………85
9	ドウガネブイブイ（*Anomala cuprea*）	…………86
10	ウリハムシ（*Aulacophora feoralis*）	…………87
11	ヤサイゾウムシ（*Listoderes costirostris*）	…………88
12	ワタアブラムシ（*Aphis gossyppii*）	…………89
13	ダイコンアブラムシ（*Brevicoryne brassicae*）	…………90
14	オンシツコナジラミ（*Trialeurodes vaporariorum*）	…………91
15	ミナミキイロアザミウマ（*Thrips palmi*）	…………92
16	カブラハバチ（*Athalia rosae*）	…………93
17	マメハモグリバエ（*Liriomyza trifolii*）	…………94
18	タネバエ（*Delia platura*）	…………95
19	オンブバッタ（*Atractomorpha lata*）	…………96
20	コオロギ類	…………97
21	ケラ（*Gryllotalpa orientalis*）	…………98
22	ナミハダニ（*Tetranychus urticae*）	…………99
23	トマトサビダニ（*Aculops lycopersici*）	…………100
24	ロビンネダニ（*Trhizoglyphus robini*）	…………101
25	オカダンゴムシ（*Armadillidium vulgare*）	…………102
26	ナメクジ（*Incilaria bilineata*）	…………103
27	ネコブセンチュウ類	…………105
28	ネグサレセンチュウ類	…………106
29	シストセンチュウ類	…………107

病害編

ウイルス病

1 汁液伝染によるウイルス病 （トマトモザイク病〈ToMV〉）

1 病徴

病株は全体に生育が不良になり，新葉の葉脈がやや透けてみえるようになって，葉脈を中心に黄色または淡黄緑色のモザイク症状になる。次いで葉はやや小型で，奇形になったりすることもある。ひどいと新葉が萎縮して，着果数が減少し果実の肥大も不良になる。

ときに葉，茎，さらに果実の表面に，えそ（壊疽）性の斑点や条斑ができたりすることがある。えそ斑点やえそ条斑ができると病勢の進展が激しく，果実の表面に生じるえそ斑点が凹むこともある。また，果梗にえそができると果実は成熟せず落下しやすい。

2 伝染環

①第一次伝染と第二次伝染

管理作業で発病した作物を誘引したときに，ウイルスを含んだ汁液が手指，衣服などに付着したままで，健全な作物の誘引作業などを行なうと，手指，衣服などに付着していたウイルスが，傷ついたり茎の毛茸が折れるなどして生じた，目につかないような細微な傷口から感染する。

こうして感染したウイルスは，やがてその付近の細胞の中で増殖しながら，全身に蔓延する。このほか，収穫や腋芽摘除のときに，ハサミにウイルスを含んだ汁液が付着して伝染する。

これらの汁液伝染はほとんどの場合が第二次伝染であるが，たまたま他の畑で発病した株を管理して，発病株の汁液が付着したままの手指やハサミで，未発病の畑を管理すると，その畑での第一次伝染になって感染する。

②病原ウイルスについて

トマトモザイク病の病原ウイルスには，キュウリモザイクウイルス（CMV）など多くの種類が知られているが，本項で紹介しているトマトモザイクウイルス（ToMV）は，従来，タバコモザイクウイルス（TMV）の一系統（トマト系＝T系）といわれていたが，近年，トマト，トウガラシのウイルスは別種でToMVとされた。

タバコからトマトへのTMVの伝染はないと考えられており，第一次伝染源としては，他の圃場のトマト，トウガラシ罹病株や後述する罹病残渣が伝染源として重要である。

3 発病の生態

①汁液以外による第一伝染

ToMVはトマトに汁液伝染するほか，接触，種子および土壌によって第一次伝染して，葉にモザイクを生じる。

特殊な例として，低温期に根が感染すると，激しいモザイクを生じる前に株全体が萎れる症状が発生することがある。激発株は枯れるが，多くはやがて上方の葉にモザイク症状がはっきりと生じるようになり，萎れ症状は回復する。

②温度条件（栽培時期）と発病

ToMVが汁液，接触によってトマトに感染すると，葉に緑色濃淡のモザイク症状を生じたり，奇形になったりする。これらのモザイクは低温期には発生が少なく，比較的温暖な時期に汁液，接触伝染して発生しやすい。

これらとは別にToMVによる萎れ症状は，冬季のハウス栽培で発生しやすい。この萎れ症状は基本的には，育苗中〜定植期における種子伝染または土壌伝染によって，まず根部に感染する。そして定植時期とも関連するが，12月から翌年の3月ごろにかけて萎れ症状が発生する。

実験的に，トマトの苗の葉または根部に汁液接種して植え付けると，地温13〜15℃では頂葉と3〜4葉目までの上方の葉が激しく萎れる。しかし，それより下方の葉は萎れない。10℃での萎れがそれに次ぎ，18〜20℃では軽微な傾向であった。

トマトの定植後の地温が最低11〜13℃，最高16〜18℃と比較的低温の定植時に，葉にToMVを接種したところ，3週間後ごろから萎れたが，気温が高まる第2，第3花房の開花期に接種しても萎れ症状は発生しなかった。これは，定植後の地温が比較的低温であったことと，トマトの生理的な条件が萎れ症状の発生と関係したためと考えられる。

以上ように，トマトでは栽培時期によっては，汁液伝染による大きな被害が発生する。

4 伝染環の遮断と防除法

①伝染源の除去

ToMVは種子伝染，土壌伝染するので，すでに苗段階で発病した株がある場合，管理作業中に発病株に触れた手指，収穫時に使用したハサミなどが，健全株に接触すると伝染する。したがって，畑で最初に発病した株をみつけたら，ただちに他の健全株と接触しないようにして抜き取り，土中（1m以上）に埋めるか焼却する。栽培終了後には，発病株はウイルスを保持している根部とともに抜き取り，焼却する。

②栽培管理

また，発病株に触れて汁液が付着した手指で，健全株に接触すると伝染するので，石鹸でよく洗う。水による手洗いだけでは不十分なので，必ず石鹸を使用する。

同時に発病株に触れた衣服も，そのまま健全株に触れると発病するので，十分に洗濯する。ウイルス感染防止には，洗濯機による洗濯が，石鹸による手洗いに比べて有効である。洗剤は，中性洗剤のほうが弱アルカリ性洗剤より感染防止効果が高い。

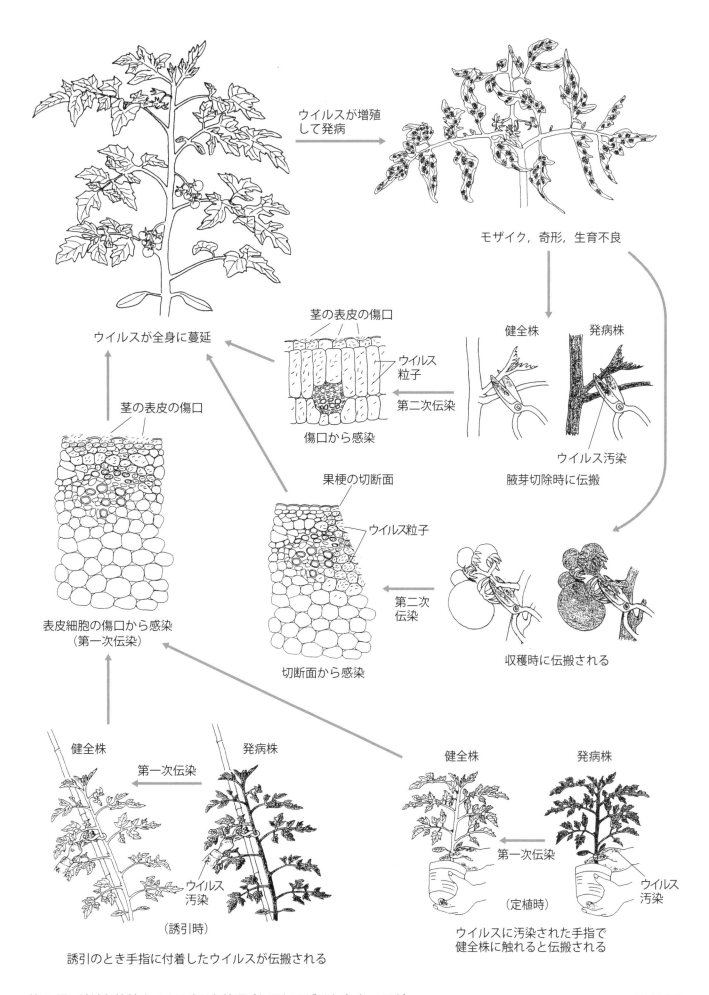

第1図 汁液伝染性ウイルス病の伝染環（トマトモザイク病〈ToMV〉） （米山原図）

1-汁液伝染によるウイルス病

ウイルス病

② 土壌伝染によるウイルス病 | （トマトモザイク病〈ToMV〉）

1 | 病徴

12月から翌年の3月に，ハウス栽培される越冬栽培や半促成栽培で発生し，萎れ症状になるのが一つの特徴である。

はじめ新葉の葉脈が少し透過し，葉脈を中心に淡黄緑色のモザイク，ときにモザイクと同時に葉，茎，果実面に激しいえそ（壊疽）を生じることもある。

また，冬期間のハウス栽培では，しばしば日中に軽い萎れ症状を示すが，温暖になると回復する。

2 | 伝染環

①第一次伝染と発病

前作で発病して栽培が終了したのちに，その組織内にトマトモザイクウイルス（ToMV）が生存しているまま，残渣として土壌（ロックウールなども含む）中に残される。これらの残渣が腐敗しないうちに，新たな作物が植え付けられて根が伸長し，前作の残渣に接触すると，その組織内に生存していたウイルスが根から侵入，感染し，増殖しながら全身に蔓延して発病する。これが第一次伝染である。

このように，越冬栽培などの低温期に，前作で発病したハウスにトマトが連作されると，土壌中で腐敗，分解されずにウイルスが存在したままの前作の残渣に，新しく植えられたトマトの根が接触してウイルスが感染し，地温が低い時期に茎，葉が萎凋する。この時期は葉にモザイク症状はみられず，この萎凋は数週間つづく。しかし，地温の上昇とともに葉にモザイク症状がみられるようになって，萎凋症状は回復することが多い。このToMVは安定性がきわめて高いので，その後，汁液，接触伝染の伝染源になる。

②第二次伝染

本ウイルスは種子伝染や土壌伝染以外の汁液および接触による伝染力が非常に強い。そのため，栽培初期に多く行なわれる腋芽摘除，誘引や収穫などの管理作業により，汁液，接触伝染で，次々と第二次伝染が行なわれ，蔓延する。

3 | 発病の生態

①温度条件と発病

実験的に，トマトの葉または根部にToMVを接種して植え付けると，地温が13～15℃では頂葉と3～4葉目までの上方の葉が激しく萎れるが，それよりも下方の葉は萎れない。そして10℃における萎れがそれに次いだが，18～20℃での萎れは軽い。

また，トマトの定植後に葉にToMVを接種したところ，3週間後ごろから萎れたが，気温が高まる第2，第3花房の開花期に接種しても，萎れ症状は発生しなかった。これは定植期の地温が最低11～13℃，最高でも16～18℃であったように，比較的低温であったことと，トマトの生

理的な条件とが，萎れ症状と関係するようである。現地の11月定植のハウス栽培トマトで調査した結果，葉にモザイク症状がなく，しかもToMVも分離されないにもかかわらず，根からToMVが分離される株が，ほぼ半数みられている。このように根に感染したToMVが葉に移行するのには，長い日数を要するようである。

また，トマトの根にToMVが感染すると葉にモザイク症状がみられないのに茎葉が萎凋し，それが回復するころ，葉にモザイク症状がみられるようになる。この場合，地温13～15℃で最も萎凋が激しく，10℃がそれにつづくが，18～20℃での萎凋は比較的軽微である。

②ロックウール栽培による多発生

本病が発病したロックウールを次の作で用いると，根部からの伝染が行なわれて，大きな被害になった事例がある。

この場合，種子伝染による発病が少なくても，ロックウールでは根が垂直方向に深く伸長せず，横にのびる傾向を示すので，種子伝染した発病株の根に触れる機会が多くなる。その分だけ多く土壌伝染（この場合は根部接触伝染）するので，土耕栽培に比べると多発生しやすい。

4 | 伝染環の遮断と防除法

①圃場衛生

発病した畑ではToMVを保持した根が土壌中に残って，次作の伝染源になるので，栽培後は根をていねいに抜き取る。それでも土壌中に残ってしまう根の腐敗・分解を早めるためには，土壌水分を保ち石灰を施用して，根などの有機物を分解する微生物の働きを活発にさせる。このとき水を多量に注入して水田状態にすると，土壌中の根が分解しにくくなるので，水田状態にはしない。

夏季であれば，10a当たり生わら1～2トンに石灰窒素100～150kgを土壌によく混合して多量の水を注入し，上からポリフィルムを被覆してからハウスを密閉する。このようにして，ハウス内の温度を高くする，いわゆる太陽熱利用による土壌消毒をする。この処理を行なうと，同時に土壌中に残った根の分解も促進される。

発病した水耕栽培のロックウールは廃棄して，新しいものを用いる。

②栽培管理

前年に発病した畑では連作を避ける。栽培する場合には，苗は健全株のみを植え付ける。発病株はみつけしだい，根とともに抜き取り焼却する。

本ウイルスは汁液，接触伝染しやすいので，腋芽の摘除，誘引あるいは収穫などに用いる刃物は，第三リン酸ナトリウムに浸して使用する。また手指は石鹸で十分に洗う。

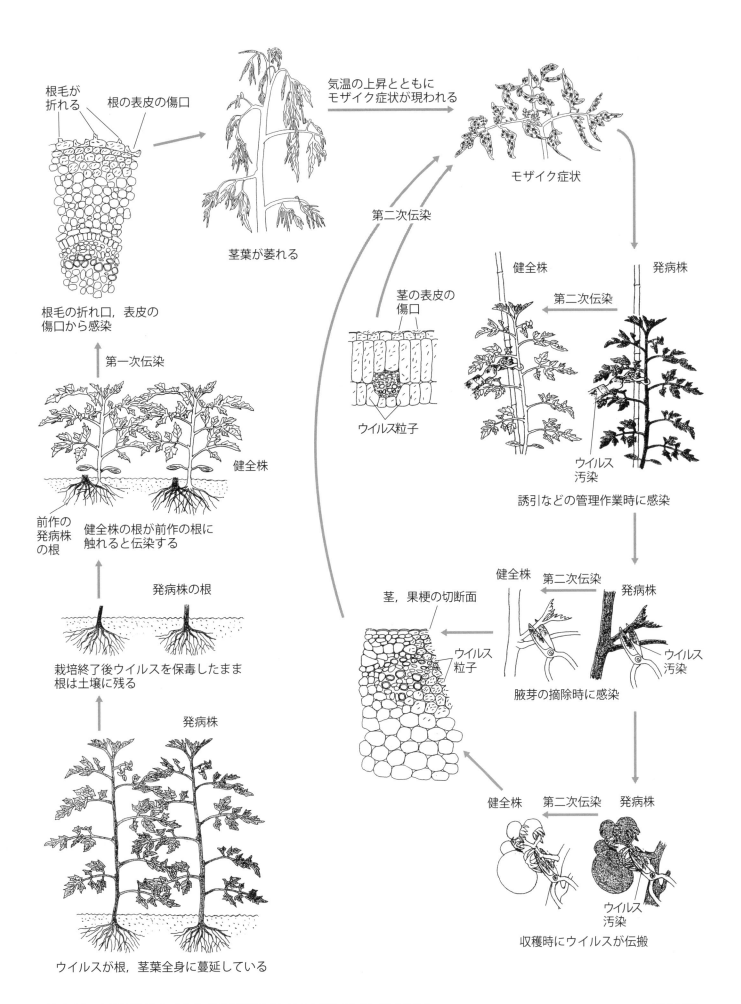

第2図 土壌伝染性ウイルス病の伝染環（トマトモザイク病〈ToMV〉）

（米山原図）

ウイルス病

③ アブラムシ媒介によるウイルス病　（ダイコンモザイク病〈TuMV〉）

1｜病徴

新葉の葉脈が透過し，次いで葉全体に緑色の濃淡や淡黄緑色の斑入り（モザイク）になったり，あるいは葉や葉柄にえそ（壊疽）斑点やえそ条斑ができたりする。また，しばしば葉に凸凹，波打ち，よじれなどの奇形を生じ，激しい場合は，茎葉全体が萎縮，褐変，枯死に至る。このような重症株の根の肥大はきわめて不良で，ときには肥大根の表面が凸凹になって内部が硬化し，著しく品質が低下することがある。

なお，生育の後期に発病すると，新葉だけがモザイク症状になって，軽く萎縮する程度でおさまることもある。

2｜伝染環

①病原ウイルスについて

本病の病原ウイルスは数種知られているが，そのうち罹病株からはカブモザイクウイルス（TuMV）とキュウリモザイクウイルス（CMV）がふつうに検出される。接種試験では，TuMV の病原性がきわめて高く，また，CMV との重複感染によって症状が激しくなる傾向がある。両ウイルスともアブラムシ類によって伝搬されるが，以下は TuMV について，記述する。

②アブラムシによる伝搬

本ウイルスはモモアカアブラムシ，ダイコンアブラムシなど約50種類のアブラムシによって伝搬される。

ウイルスを伝搬する機構は，媒介するアブラムシが，発病した作物の葉，茎などに口針を挿入したときに，発病した植物の細胞内に存在しているウイルスが口針の先端に付着する。そして次に健全な作物に移動して，吸汁のため口針を挿入したときに，その先端に付着していたウイルスが健全な作物の細胞に伝搬される。

このような伝搬では，アブラムシがウイルスに感染した作物に付着して5分間吸汁するとウイルスを保毒する。その後すぐに健全な作物に移動して吸汁することで，ウイルスの伝搬率は80％に達する。

しかし，ウイルスを保毒してから約3時間後には，伝搬率は30％内外に低下するか，伝搬力がなくなる。このように短時間で伝搬力が低下することからみて，アブラムシ媒介では有翅アブラムシによる伝搬が大きく，無翅のアブラムシでの媒介は少ない。したがって，第一次伝染は，周辺でウイルスを保毒した有翅アブラムシが主体である。

③第二次伝染

発病作物を吸汁した無翅のアブラムシが健全株に移動したり，有翅アブラムシが飛翔して健全株に着生したりして吸汁すると，ウイルスが伝搬される。このようにして次々と第二次伝染がくり返されて，発病株が増大する。

3｜発病の生態

①初期発病

ダイコンが感染を受けやすい時期は，発芽後2～3週間以内とされている。アブラムシは，無翅の雌が畑に残されたアブラナ科野菜や雑草などに胎生子虫を産みながら越冬する。アブラムシの発生ピークは4～5月ごろで，6月になると少なくなり，9～11月に再び多く発生する。初期発病は有翅アブラムシの初飛来時期の1～2週間後くらいから始まり，若苗時期に重なると被害が大きくなる。

②周囲への伝染

周囲の株への伝染は，管理作業中に発病株に触れた作業衣などに付着した汁液を通じて，また株同士の接触によって伝染する。このほか，種子伝染することも知られている。

4｜伝染環の遮断と防除法

①圃場衛生

TuMV はアブラナ科野菜を中心に，各種の雑草にも寄生するので，前作の取り残した宿主作物や雑草をていねいに除去し，発病した株は抜き取って処分する。まわりにウイルスの宿主作物が栽培されている場合は，アブラムシの飛来を防止する。また，第二次伝染を防止するために，発病した株はみつけしだい抜き取り，畑のまわりに放置しないように土中深く（1m以上）埋めるか焼却する。

②栽培管理

前述のように，TuMV は比較的幼苗期に感染しやすい傾向があるので，春作ではアブラムシの発生適期前に播種するか，定植しておく。秋作ではこれとは逆に，播種か定植を遅らせると媒介，伝染率が低くなる。

なお，育苗期には寒冷紗を被覆したり，育苗期や定植直前には，光反射マルチをして，有翅アブラムシの飛来を防ぐ。しかし，茎葉が繁茂してくると，その作物でマルチが覆われ，この防止効果がなくなるので注意する。ただし，このようなマルチでの完全な防除は不可能である。

定植初期には寒冷紗の被覆が効果的であるが，被覆の中に発病した雑草があると，これが伝染源になって多発生するので，除草は欠かせない作業である。ハウス栽培では開口部に寒冷紗などの防虫網を利用する。

寄生する前に他の植物を吸汁したのち，健全な作物を吸汁してもウイルスを伝搬しない性質を利用し，作物のまわりや畦間に背の高い植物を栽培すると被害がかなり軽減される。

デントコーンの作付けによって発病が半減された例や，シルバーテープを50cmの短冊にして作物の上部に50cm間隔で吊り下げ，吹き流し状にしてアブラムシの飛来を少なくして，第二次感染を防止した例もある。

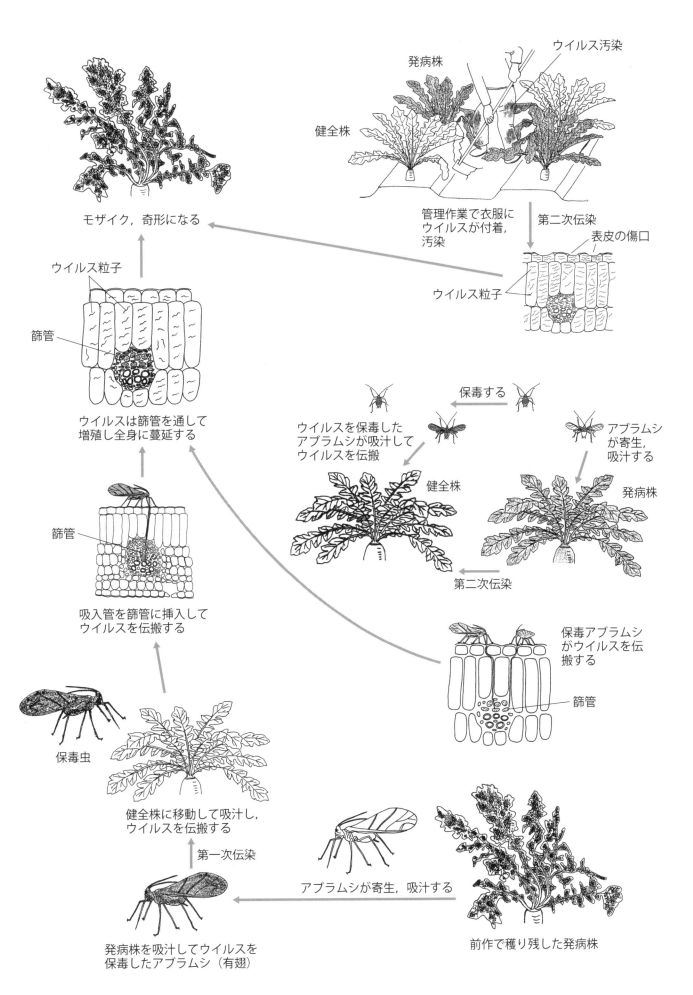

第3図 アブラムシ媒介によるウイルス病の伝染環（ダイコンモザイク病〈TuMV〉）　　（米山原図）

ウイルス病

❹ コナジラミ媒介によるウイルス病 （キュウリ黄化病〈BPYV〉）

1 病徴

キュウリの8〜10枚目あたりから上位の本葉に症状がみられる。葉脈間に淡緑色の小斑点が多数発生するが、葉脈間の緑色は残る。発病末期には葉が硬化して下方に巻く。被害株は草勢が著しく低下して、側枝での症状が激しいと側枝の発生や伸長が悪くなって、曲がり果が多くなる。

2 伝染環

①第一次伝染

オンシツコナジラミは、成虫が発病した植物に寄生、吸汁してウイルスを体内に保持すると、健全な作物に寄生、吸汁してウイルスを半永続的に伝搬する。しかし、幼虫はウイルスを伝搬できないし、成虫が吸汁、保毒しても経卵伝染をしない。

オンシツコナジラミの成虫は、発病した作物を3時間以上吸汁すれば、健全な作物を1時間吸汁するだけで発病させることができ、その伝搬は効率的に行なわれる。

なお、種子伝染、土壌伝染はしない。

②オンシツコナジラミの生態

この害虫は、卵→幼虫→蛹→成虫と変態し、卵の期間は20℃で約9日間、25℃で約7日間であり、卵→成虫の全生育期間は20℃で約30日間、25℃で約23日間である。一般的には5〜6月と9〜10月に発生が増大する。

野外では降雨の影響を受けて繁殖がおさえられやすいので、発生密度は高くならない。それに反して、ハウス内では増殖がさかんに行なわれるので、発生密度は高くなる。

雌成虫は、羽化1〜3日後から産卵しはじめ、約1カ月間の生存期間中、毎日産卵しつづけ、その数は200個前後にも達するので、増殖率は高い。したがって、一度発生すると短期間のうちに急速に密度が高まる。

成虫は株の上方の若い葉を好み、葉裏に群がって吸汁しながら産卵する。一般にそれより下位の葉に若齢幼虫が、その下方の葉に老齢幼虫が生息していて、さらに下方の葉に蛹がいるという分布をしている。ハウス内では年間10世代以上くり返すことができる。

オンシツコナジラミの寄生範囲は広く、野菜をはじめ他の草花および畑やハウスまわりの雑草など、63科230種以上の植物に寄生する。低温に対して弱く、冬季に温暖な地方では、オオアレチノギク、ヒメジョオンなど野外の雑草で越冬するが、それ以外は温室やハウス内の野菜や雑草などに寄生して越冬する。

3 発病の生態

①初期発病

野外の気温が低下してきて、媒介昆虫であるオンシツコナジラミが野外からハウスなどの施設内に移動してくるこ

ろに栽培される越冬栽培では、収穫はじめの11月ごろから、ハウス抑制栽培では収穫後半の10月半ばごろから発病しはじめる。これはオンシツコナジラミの密度が増大することと、本病の発病適温（20℃前後）になることの相乗効果によるものである。

連棟ハウスよりも単棟ハウスや間口の狭いパイプハウスで多発する傾向がある。これは野外から保毒した媒介昆虫が直接飛来、着生することが多いためであろう。

ウイルスを伝搬されたキュウリでは、感染後にウイルスは篩管の各細胞に散在したり凝集したりするために篩管が壊死し、まれに木部の細胞にまでウイルスがはいり込むことがある。このようにして、キュウリ体内の細胞内で増殖しながら全身に蔓延し、早くて2週間、通常は3〜4週間後から病徴をあらわすようになる。

②周囲への伝染

発病株を抜き取らずにそのまま放置すると、媒介昆虫のオンシツコナジラミがそれを吸汁して保毒し、まわりの健全株に飛来、移動して吸汁するので、感染が容易に行なわれる。

4 伝染環の遮断と防除法

①圃場衛生

コナジラミが生息している畑のまわりの雑草を除草する。前作で発病した株は抜き取り、土中深く（1m以上）埋めるか焼却する。

気温が低下してくると、野外の雑草などに生息しているコナジラミが、越冬のためハウス内に飛来してくる。したがって、ハウス内で作物を栽培していなくても、ハウス内の雑草を除草してコナジラミが生育できないようにしておく。

②ハウス栽培後の処置

本病が発病したハウスでは、栽培終了後にハウスを密閉する蒸し込み（ハウス内が40℃以上になって10日間）を行ない、発生しているコナジラミを全滅させる。

③栽培管理

育苗中には黄色粘着テープの下端が、播種床から10〜30cm上方になるようにして、2m間隔に吊り下げて育苗管理を行ない、無病苗を定植する。

ハウス栽培では近紫外線除去フィルムで被覆すると、コナジラミがハウス内に侵入しにくくなる。換気窓や出入り口などには寒冷紗などを張ってコナジラミの侵入を防止する。

そのほか、黄色粘着テープを側窓、出入り口、天窓下の畝の上方に重点的に吊り下げる（1本／6㎡）こともかなりの防除効果がある。

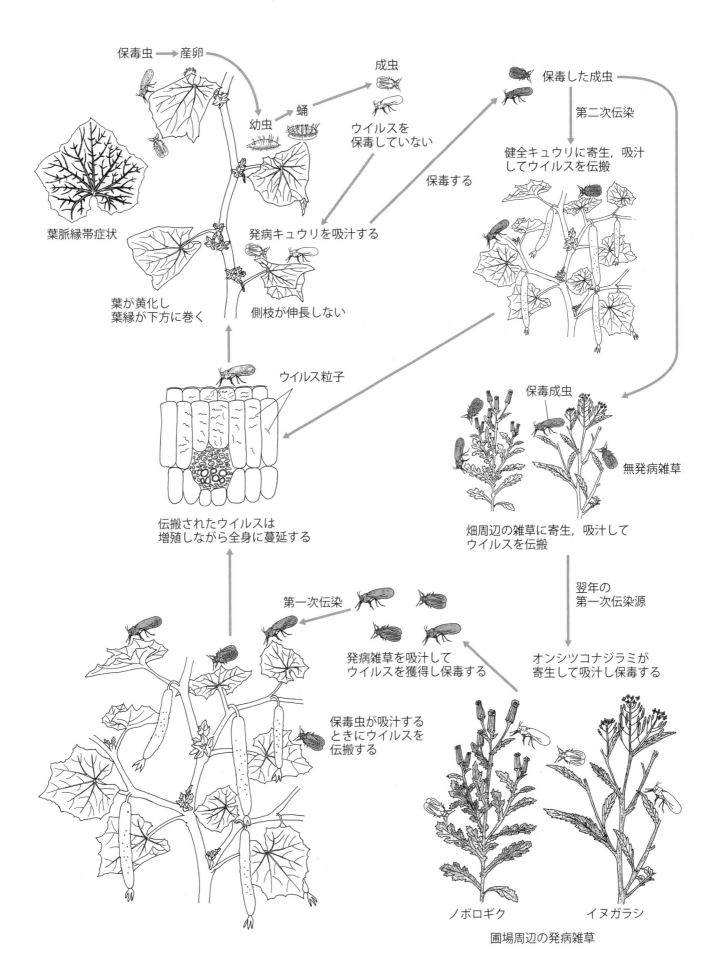

第4図 コナジラミ媒介によるウイルス病の伝染環（キュウリ黄化病〈BPYV〉） （米山原図）

ウイルス病

⑤ アザミウマ媒介によるウイルス病 （ピーマン黄化えそ病〈TSWV〉）

1│病徴

アザミウマの寄生によって，生長点付近の葉が黄色になって，褐色〜黒色の小さなえそ（壊疽）斑を生じ，まもなく黄化した葉や芽が枯れる。そのほか，葉に不規則ではっきりしない黄色で大型の輪紋を生じ，果実には褐色のえそ斑をつくって，こぶ状に隆起して奇形になる。発病がひどくなると，株全体の果実の表面や果梗に茶褐色のえそが生じて，葉が萎れ，株の全葉が萎れて枯れるので被害が大きい。

夏季などで気温が高くなると，葉が凸凹になったり，茶褐色〜黒色のえそ斑点を生じるようになって，その株全体が枯れたりして被害が大きくなる。

2│伝染環

①第一次伝染

本ウイルスは，アザミウマ（ダイズウスイロアザミウマ，ヒラズハナアザミウマ，ネギアザミウマ，ミカンキイロアザミウマなど）の成虫によって永続的に媒介される。

通常の栽培では，前作の栽培中にウイルス媒介能力をもった成虫が，雑草の根元などで越冬し，この越冬した成虫によるウイルス伝搬が第一次伝染の一つになる。この場合は，栽培の初期から発病する。

もう一つの場合は，栽培が始まってから，アザミウマの幼虫が畑のまわりに生息していて，黄化えそ病に感染した雑草（シロザ，スベリヒユ，イヌホウズキ，チチコグサモドキ，セイタカアワダチソウなど）に寄生して舐食し，ウイルスに感染，保毒したのちに蛹を経て羽化し，成虫になってから健全な作物に寄生，舐食してウイルスを第一次伝染させる。

アザミウマは，一般的には25℃前後の好適な気温条件では，成虫→卵→幼虫→蛹→成虫の生活環で，2週間前後で一世代を完了する。成虫は作物の葉，果梗などの組織の中に卵を産みつける。卵期は4〜10日，幼虫期は4〜5日，蛹期も4〜10日で，その後，羽化して成虫になると，30日間も生存して産卵する。

アザミウマの幼虫が発病した作物の葉や果実などに寄生し，舐食したときにウイルスを体内に獲得する。体内にはいったウイルスは，アザミウマの幼虫の中腸などで増殖する。その後，体内の組織で増殖したウイルスは，唾液腺組織に移行し増殖する。

このようにアザミウマの体内でウイルスが移行，増殖されることにより，成虫がピーマンなどの健全な寄主植物に寄生して舐食するときに，ウイルスが永続的に伝搬されるのである。これが第一次伝染である。

②第二次伝染

第一次伝染によって発病した場合は，産卵後に孵化した幼虫がその発病株を舐食，吸汁してウイルスを獲得し，やがて蛹期を経てウイルスが体内で増殖したのちに，羽化した幼虫が健全株を舐食，吸汁して再びウイルスを伝搬し，第二次伝染する。発病株が多くなるに伴って第二次伝染による発病株が増加する。このほか，畑のまわりで発病した雑草から保毒したアザミウマによる第二次伝染も行なわれる。

3│発病の生態

①初期発病

大型ハウスでは出入り口から発生することが多い。促成栽培では11〜4月ごろまでに発生すると，生長点が急に枯死することが多く，5〜6月以降10月ごろまでの比較的高温期に発生すると，生長点が枯死することは少なく，頂葉付近の葉が汚れた黄色になり，小型，不正形で黒色のえそを生じる。

②周囲の株への伝染

本ウイルスは汁液でも伝染して被害が大きい。発病株を誘引，摘心したり，あるいは収穫のときに使用したハサミなどの刃物や，手指にウイルスを含んだ汁液が付着したまま健全株の作業をすると，第二次感染する。

4│伝染環の遮断と防除法

①栽培管理

前年に発病した畑では，保毒した土中の蛹が羽化して第一次伝染を行なう可能性があるので，栽培終了後にはハウスであれば室内を20℃以上に加温して，保毒した蛹を早く羽化させる。羽化してもハウス内に作物がないので，早く死滅させることができる。次作の栽培になんらかの形で影響する場合があっても，ハウスの密閉，加温処理が有効なので，実施しなくてはならない。

本ウイルスを媒介するアザミウマの飛翔，成長には紫外線が必要なので，ハウスを紫外線除去フィルムで被覆すれば，換気，出入り口などの開口部分に1mm目以下の防虫網を張らなくても，屋根の部分のみの被覆で，アザミウマのハウス内への飛来がほぼ完全に防止されるので，本病の発生は抑制される。この処置でアザミウマの飛来は防止されるが，もしも発病がみられた場合には，殺虫剤散布を行なうとともに，ただちに発病株を除去して焼却する。

アザミウマは青色を好む性質があるため，青色の粘着リボンを畑に吊るして，アザミウマの飛来密度を調べながら防除することも有効な手段である。

②薬剤防除

適用薬剤を用いて防除する。ハウスでは薬剤防除の効果が顕著であるが，露地栽培では，他の畑や雑草から保毒したアザミウマが飛来してくるので，飛来最盛時には十分に防除しなければならない。

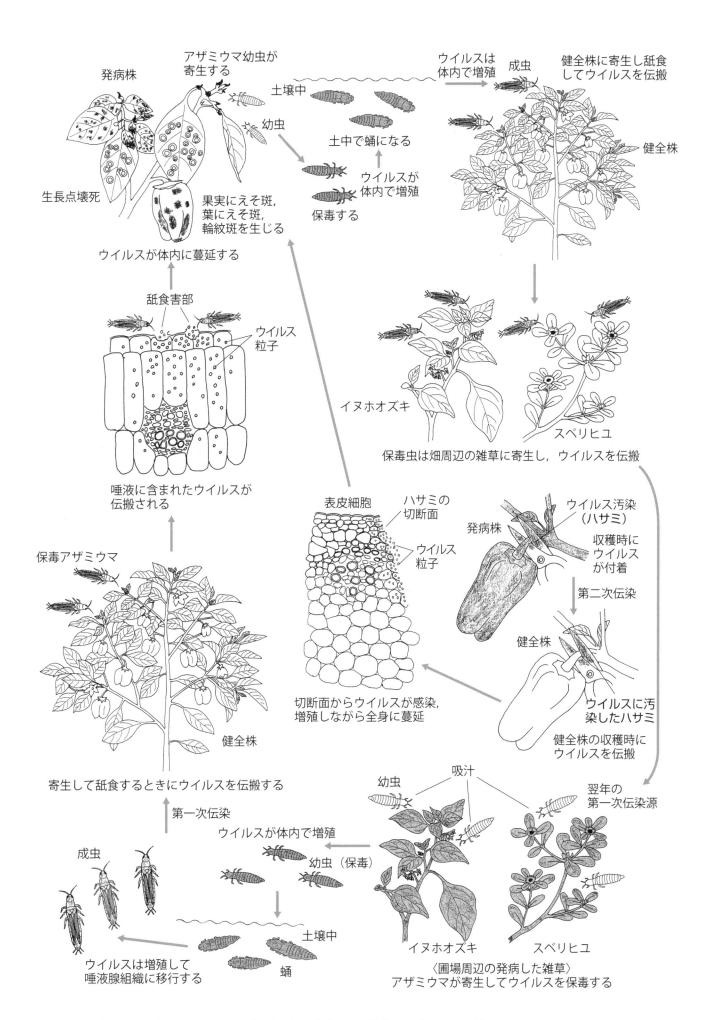

第5図　アザミウマ媒介によるウイルス病の伝染環（ピーマン黄化えそ病〈TSWV〉）　　　　（米山原図）

ウイルス病

⑥ 土壌線虫，その他の昆虫の媒介によるウイルス病 （メロンモザイク病〈ToRSV〉）

1｜病徴

本病はCMV（キュウリモザイクウイルス），WMV（カボチャモザイクウイルス），ToRSV，（トマト輪点ウイルス）など6種類のウイルスが，土壌線虫が媒介することによって，土壌伝染する。

CMV，WMVは，初夏から秋季に発生し，CMVに感染すると新葉の全面に黄色円形の小斑点を生じて黄化する。病葉は萎縮し葉全体に細かいシワを生じ，茎の節間がつまる。幼植物のうちに感染すると果実は小さくなり，果面に不規則な緑色の斑紋がはいり，凸凹を生じることもある。WMVによる場合は，葉に緑色濃淡のモザイクを生じ，葉脈に沿って大型で退緑色の斑紋がはいり，果実もはっきりとしたモザイク症状になる。ToRSVの場合は，CMVに似た黄斑や輪紋を生じる。

土壌線虫以外にも，CMV，WMVはアブラムシによって非永続的に伝搬および汁液伝染し，ToRSVは種子，汁液および土壌伝染もする。

SqMVはウリハムシやニジュウヤホシテントウムシなどの甲虫が媒介して伝染し，葉にモザイクや葉脈緑帯を生じる。果実にもモザイクを生じ，ネットの形成が不良になる。

2｜ToRSVの線虫による媒介

ToRSVは土壌線虫のオオハリセンチュウによって媒介される。この線虫はわが国に広く分布し，成虫は根の表皮細胞から口針を挿し込み1〜4分前後で細胞の内容物を吸い取り，次々と細胞に口針を挿入して養分を吸収する。

ウイルス病を発病したメロンなどの根に寄生したオオハリセンチュウは，1時間吸汁するとウイルスを獲得して保毒し，健全な作物に移行して，その根を1時間吸汁するとウイルスを伝搬する。試験的に，保毒線虫に健全作物を3日間連続吸汁させることを8回くり返すと，8回ともウイルスを伝搬させることが可能であったことから，オオハリセンチュウは24日間もウイルスを保毒していたことになる。ウイルスを保毒したオオハリセンチュウを含む土壌を7日間以上風乾させると，ウイルスの伝搬能力は失われるが，4℃の低温条件下に置くと，14カ月後でも伝搬能力が保たれる。

線虫に吸汁，保毒されたウイルスは，咽頭，食道管腔の角皮内壁に吸着されていて，健全作物を加害するときに，ウイルスを含んだ唾液が口針を通して根の細胞に注入されて伝搬される。ウイルスは線虫の体内で増殖しないので経卵伝染は行なわれず，脱皮によって媒介能力も失われる。

ToRSVは種子や土壌伝染も行なうので，線虫媒介による第一次伝染で一度発病すると，汁液による第二次伝染が

行なわれるし，発病株からの採種で種子伝染も行なわれる。

3｜ウリハムシ，オオニジュウヤホシテントウによる媒介

ウリハムシは，発病株に飛来して5分間食害するとウイルスを体内に保持する。虫体内での潜伏期間は短くて10時間未満のようで，ウイルス伝搬に要する食害時間の詳細は明らかでないが，24時間以内の食害でウイルスを伝搬するようである。また，本ウイルスによる発病株を7日間加害させて保毒させたウリハムシの成虫は，その後16日間も健全なカボチャ，マクワウリにウイルスを感染させる能力を保つ。

同様に発病株を3日間加害，保毒させたオオニジュウヤホシテントウの成虫は4日間，幼虫は3日間ウイルス伝搬能力を保持する。

4｜伝染環の遮断と防除法

①圃場衛生

栽培終了後には，発病株を畑に残さないように，畑の清掃を行なう。媒介線虫は畑を湛水状態にすれば減少するが，その効果は不十分なので，ToRSVが発病する宿主作物の連作を避ける。

このウイルスは雑草の種子でも伝染するので，栽培の前に短期間休閑して，種子伝染する雑草を絶滅させるか，または冬期間に休耕すると線虫のウイルス伝搬力が低下するか，または伝搬力を失う。

しかし，発病した雑草の種子が発芽すると，せっかく休耕によって伝染力を失った線虫が発病した雑草に寄生，吸汁して再びウイルスを獲得して伝搬力をもつようになる。したがって，冬の期間は畑を耕起するなどして，雑草の生育をおさえて裸地にする。

②発病株の処置

発病した株はみつけしだいただちに，根をまわりの土とともに掘り取り，土中深く（1m以上）埋めるか焼却する。線虫媒介，その他の害虫媒介で第一次伝染によって発病した株をそのままにしておくと，それらの株に寄生してウイルスを保毒した線虫やハムシ類などによって，第二次伝染が行なわれるので，発病株は抜き取って処分する。

また発病株が畑にあると，栽培管理中にも汁液などによって第二次伝染するので，管理作業中は手指あるいはハサミなどは第三リン酸ナトリウム腋に浸漬するか，石鹸で十分に洗浄しなければならない。

③薬剤防除

線虫およびハムシ類などの媒介害虫には，適用薬剤による土壌消毒や薬剤散布を行なう。ハウスでは夏季に密閉して行なう太陽熱利用による土壌消毒は，線虫に対する防除効果が高い。また，土壌の熱水消毒も有効である。

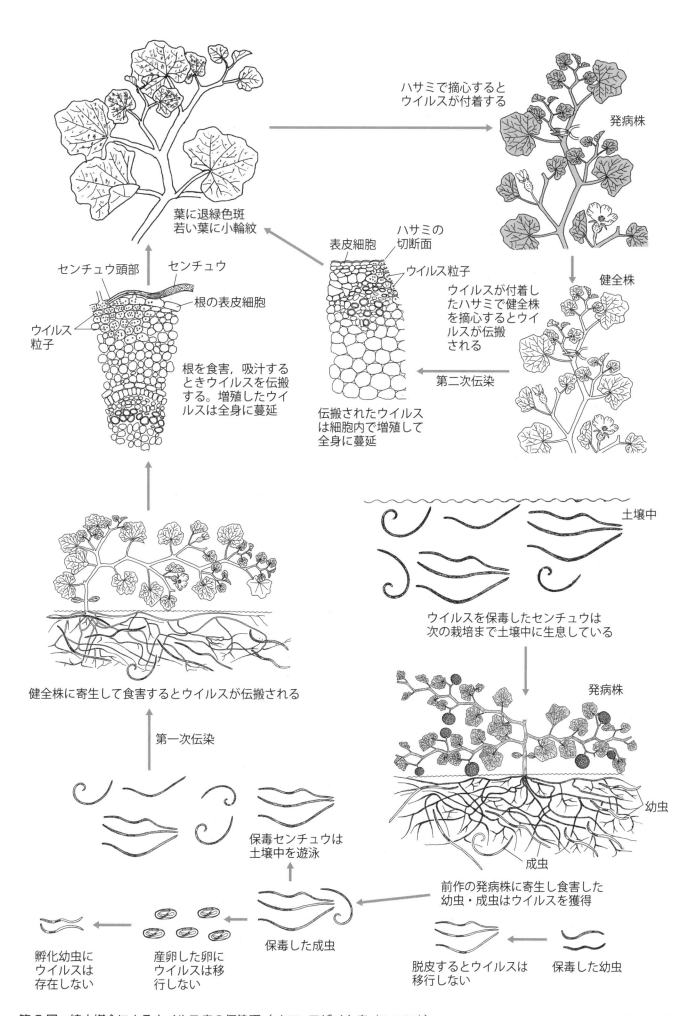

第6図 線虫媒介によるウイルス病の伝染環（メロンモザイク病〈ToRSV〉） （米山原図）

6-土壌線虫，その他の昆虫の媒介によるウイルス病

ウイルス病

7 菌類媒介によるウイルス病 （レタスビッグベイン病〈LBVaV,MLBVV〉, *Olpidium* 菌媒介〉）

1 病徴

本病はビッグベイン（太い葉脈の意）といわれるように，葉脈が浮き出て太くなり，網目状に目立ち，症状がすすむと葉脈に沿った部分が退色して，葉脈が太くなったようにみえるのが大きな特徴である。

株全体としては，葉は黄化しないが全体として葉脈に沿った部分の緑色が淡くなって，葉の縁がやや縮れる。これらの症状が激しい場合は，結球が遅れて不良になる。

2 伝染環

従来，レタスビッグベイン病は棒状のウイルス LBVV によるとされてきたが，近年これとは異なるひも状ウイルスの MiLV が，大きく関与していることが明らかになった。

ところが，その後ビッグベイン病の疫学的側面が明らかになると同時に，両ウイルスの遺伝子情報の解明が急速に進展した結果，このひも状のウイルスは単独でビッグベイン病を引き起こすが，従来病原と考えられていた棒状のウイルスは発病株に存在はするが，本病との関連は不明であることが明らかになった。そこで MiLV とされたひも状のウイルスは MLBVV，また LBVV とされた棒状のウイルスは LBVaV と改名された。

3 発病の生態

①初期発病

本病は *Olpidium* 菌によって媒介されるのが特徴である。本菌は高温時の活動が鈍いためか，レタスが秋に定植される作型で発病しやすく，10月下旬に定植すると，11月中旬から発病しはじめ，12〜2月に発病がピークに達する。年内収穫の作型では比較的軽微な場合が多い。

地温との関係は，12〜17℃の場合には初発生まで約40日，5℃前後の場合には100日以上の日数を要する。地温が低く初発生までに日数を要した場合，それらの株を17〜18℃の地温に移すと，発病が急増する。しかし，地温が高いときにも発病が遅れ，気温が24℃を下回るようになると症状が出始めるようで，本病の発病に適する地温は17〜18℃である。

本病は土壌 pH5.0 では発病せず，自然土壌では pH6.5 に比べて pH6.8 以上では3日間も早く発病する。発病しなかった pH5.0 を pH7.3 に調整したところ，短期間に発病したことからみると，発病に対して土壌のアルカリ化の影響が大きいようである。

②第二次伝染

発病地ではウイルスを保毒した *Olpidium* 菌が生息しているので，ここに再びレタスを植え付けると本病に感染する。また，発病地に本病に感染しても被害を出さないハクサイ，キャベツ，タマネギなどを栽培すると，本ウイルスを保毒した *Olpidium* 菌がハクサイ，キャベツ，タマネギなどの根に寄生して生存をつづけているので，1作や2作の輪作をしても，再びレタスを栽培すれば，本病に感染してしまう。

4 伝染環の遮断と防除法

①圃場衛生

一度発病すると，その株から本ウイルスの媒介菌類を除去することは非常にむずかしい。したがって，栽培終了後には，発病した株はまわりの土壌とともに根を取り除いて土中深く（1m以上）埋めるか焼却して，土壌中のウイルスを保毒した *Olpidium* 菌の生息数を少なくする。

本ウイルスを保持した根や，ウイルスを保持した媒介 *Olpidium* 菌を含む土壌は，乾燥に対しても長時間耐えるので，病土の病原性を低下させるのは困難である。しかし土壌 pH が酸性に近いと発病が遅れたり，回避されたりする可能性があるので，栽培前に石灰質の肥料を必要以上に使用しないようにする。

②栽培管理

発病畑で育苗を行なわないようにして，隔離された場所で無病の土を用いて育苗する。発病地域や発病畑でのレタス栽培をやめて，他の作物に転換するように心がける。

ポリポット育苗に比べて，紙ポット育苗では発病が少なく，また発病程度が軽くなる。これは定植時にポットから苗を抜き取るビニールポットに比べて，紙ポット苗はそのまま定植されるので，定植後に土壌中の媒介菌に根が接触するのが遅くなることによると考えられる。

黒色マルチは無マルチよりも発病程度が軽くなるが，それが地温の上昇によるものかどうかは明らかではない。

本病の媒介菌は高温や低温での活動が鈍いので，発病地や発病畑では，秋〜春の作型をやめ，春作では6月ごろに収穫される作型，秋作では10月ごろまでに収穫する作型など，地温が17〜18℃以上で栽培される作型か，あるいは夏季の高温期か，地温が10℃以下の時期の作型にすべきであろう。

③土壌消毒

夏季の太陽熱利用による土壌消毒が，本病の媒介菌の防除に有効である。一般的にはビニールハウス内で効果が高いが，レタスでは露地でも赤外線透過型マルチを用いて行なうと有効である。

クロルピクリンによる土壌消毒も有効であるが，処理が煩雑なので，太陽熱利用の土壌消毒法が有効であろう。

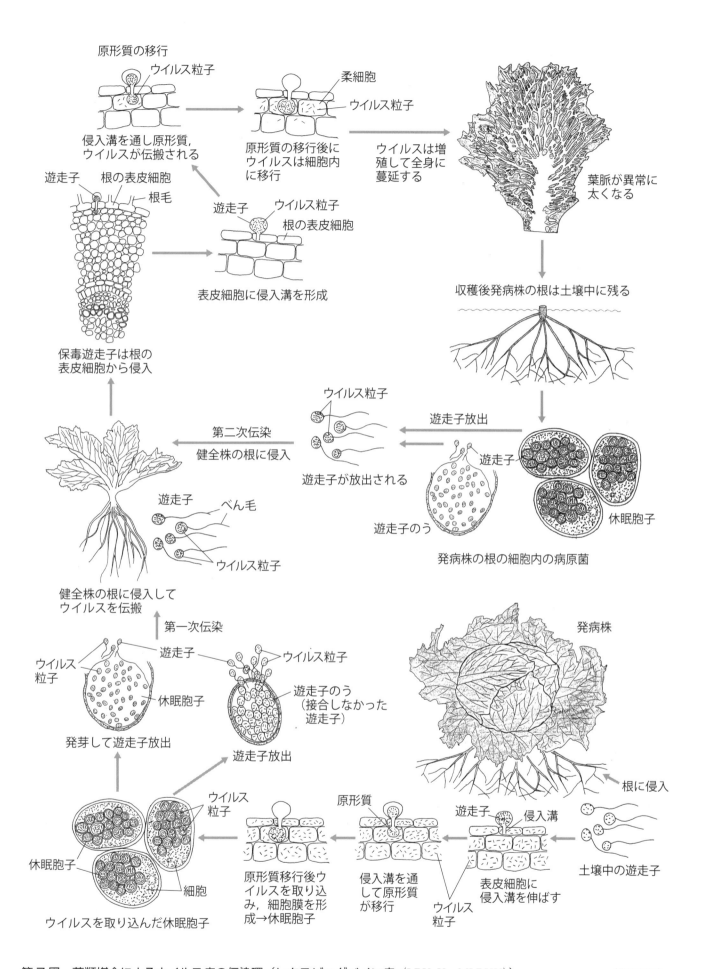

第7図　菌類媒介によるウイルス病の伝染環（レタスビッグベイン病〈LBVaV, MLBVV〉）　　（米山原図）

7-菌類媒介によるウイルス病

ファイトプラズマ病

8 ヨコバイ類媒介によるファイトプラズマ病　（ミツバてんぐ巣病－ファイトプラズマ）

1｜病徴

畑で感染すると，はじめ葉の周縁が黄化するか，あるいは白化したり，葉柄がねじれたり，倒れたり，奇形になったり…，といろいろな症状を示し，株全体が萎縮する。また，発病株が健全株とともに軟化床で軟化されると，葉柄が株元から通常の半分くらいしかのびなかったりする。こうなると葉柄が箒状に叢生したり，発病がひどい株では葉柄が全くのびないので，株そのものは小型の葉のみが密集した状態になる。とくに，軟化床で発生すると全滅状態になる。

2｜伝染環

①ヨコバイによる伝染

本病はヨコバイによって病原菌ファイトプラズマが虫媒伝染されることで発生する。汁液，種子および土壌伝染，またアブラムシによる伝染は行なわれない。

ファイトプラズマは発病した植物の篩管組織に存在し，大きさは $0.2 \sim 1.0\,\mu m$ の範囲で，さまざまに変形する非常に小さい微生物である。

媒介ヨコバイが発病した作物を吸汁するときに，その植物の篩管に存在しているファイトプラズマが吸汁管を通してヨコバイの体内に取り込まれる。その後，まず小腸内で増殖し，血管を通して唾液腺に移ってさらに増殖し，ついには唾液に混入する。このようにして体内でファイトプラズマを増殖したヨコバイが，健全な作物に寄生，吸汁するときに，吸汁管を通して唾液とともにファイトプラズマを伝搬する。

ファイトプラズマは媒介ヨコバイの全身に存在して，永続的媒介者になるが，経卵伝染は行なわれない。

3｜発病の生態

①初期発病

5月上旬ごろに播種されたミツバは，発芽後生育をつづけるが，一般的には7月上旬ごろから本病が発生しはじめ，順次発病して秋季に多発生するようになる。

ミツバは子葉期～本葉10葉期まで本病に対する感受性は同じで，病原ファイトプラズマを伝搬されて約1カ月後には，てんぐ巣病の症状を発現する。

第一次伝染は，前年発病畑で取り残した発病株を，第1回発生したヒメフタテンヨコバイが吸汁，保毒して，新たに播種されて発芽間もない健全なミツバの幼苗に寄生，吸汁することで病原ファイトプラズマを媒介する。

この第1回の発病株を第2回発生した媒介虫が吸汁，保毒して，次々と周囲の健全株に寄生，吸汁して本病が伝搬される。

②ヒメフタテンヨコバイの発生と媒介

本病を媒介するヒメフタテンヨコバイの発生は，第1回が4月下旬～5月中旬で，その後3世代を経過して11月ごろに終息する。ヒメフタテンヨコバイの病原ファイトプラズマの保毒状況をみると，5月上中旬には保毒率は数％である。これは8月上中旬以降に29～40％前後にも増加する調査結果からみて，7月上旬以降に発生したヒメフタテンヨコバイが発病株を吸汁，保毒して，20日前後の潜伏期間を経て生涯媒介能力をもち，健全株に次々と本病の病原を伝搬するものと考えられる。

ヒメフタテンヨコバイは発病したミツバを吸汁して病原ファイトプラズマを獲得すると，病原は虫体内で増殖して媒介力をもつようになる。潜伏期間は気温25～30℃で20～22日間，20～25℃で27日間であるが，夜間が10℃と低温になる時期では，気温15～20℃で40～50日間もの長い潜伏期間を経て，媒介が可能になる。したがって，ミツバの軟化栽培を行なうころまでには，ミツバへの伝搬が十分に行なわれていることになる。

4｜伝染環の遮断と防除法

①圃場衛生

栽培終了後には，収穫せずに畑に取り残した発病株は，次作の第一次伝染源になるので，除去して土中深く（1m以上）埋めるか焼却する。また，まわりの畑でも同様に取り残した発病株は，地域ぐるみで除去するようにする。発病した雑草も同様に除去するか，除草する。

②発病株の処置

媒介するヨコバイ類は年に4～5回も発生をくり返し，経卵伝染はしないが，一度病原を保毒すると生涯にわたって媒介する能力をもつ。畑に発病株があると，これらに寄生，吸汁した後に保毒して第二次伝染を行なう。したがって，発病株は必ず取り除いて土中深く埋めるか，焼却する。

また，秋～春季に栽培する野菜類（セリ，ネギ，シュンギクなど）の畑では，発病株があると早春にこれらから保毒した第一世代のヨコバイ類が媒介するので，発病株は取り除く。

媒介するヨコバイ類は多くの作物や雑草に寄生し，しかもその寄生範囲が広いので，根絶することは困難であるが，除草を含めて圃場衛生に努めて，できるかぎり生息数を減少させる。

③薬剤防除

媒介ヨコバイ類は年間の消長をよく把握して，適用された薬剤によって適切な防除を行なう。

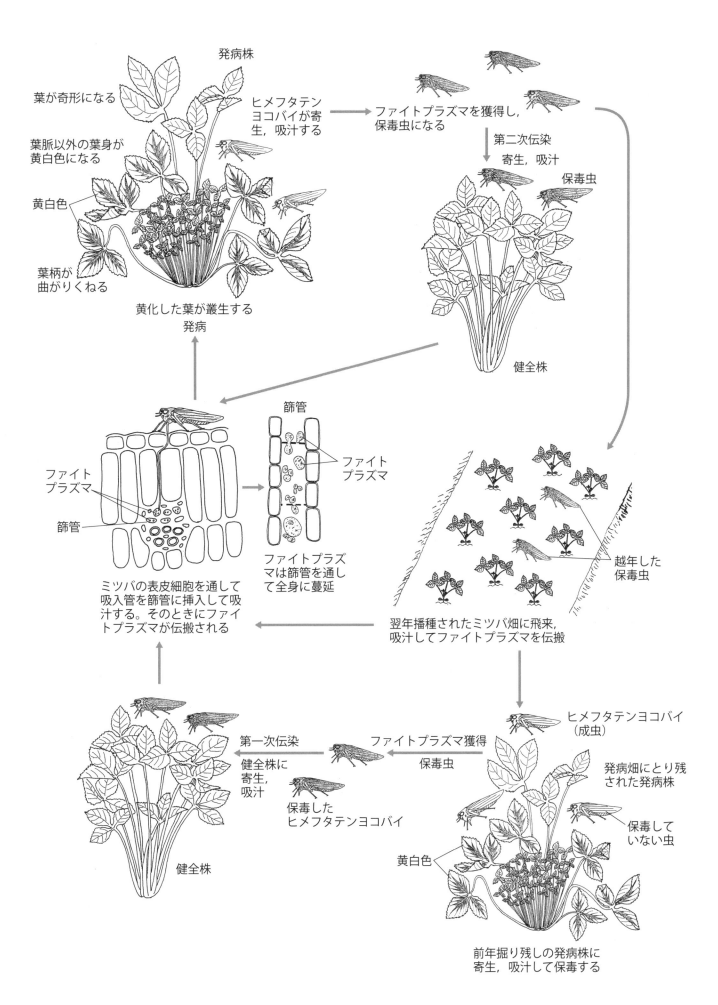

第8図 ヨコバイ類媒介によるファイトプラズマ病の伝染環（ミツバてんぐ巣病） （米山原図）

細菌病

9 斑点性の細菌病 （キュウリ斑点細菌病 – *Pseudomonas* 属菌）

1│病徴

はじめに水浸状の小斑点が多数できて，葉脈で囲まれてべと病に似た角形で黄褐色の病斑をつくり，その裏側にごく小さい乳白色の点々（病原細菌の塊）が水浸状にみられる。病斑は破れて穴があきやすくなるが，べと病のように葉の裏面にスス状のカビを生じることはない。果実には，はじめ小斑点ができ，病勢がすすむとそこから乳白色の汁液を分泌する。

ハウス内では過湿状態になると，病気になった果実は軟化し，さらに茎，葉柄も暗褐色水浸状に腐敗し，ひどいと株全体が萎れて枯死することもある。

2│伝染環

①病原菌の生存，土壌伝染

本病の第一伝染源は保菌種子，発病株の残渣および土壌中に生存している病原細菌である。

種子中の病原細菌は2年半も生存するとされている。1979年の調査では20カ月間貯蔵した種子は種子伝染しないが，9カ月間の貯蔵では明らかに種子保菌が認められている。発病した茎葉は，乾燥状態の室内では240〜300日後まで，5℃の冷蔵庫内なら410日後でも病原性が保持されている。また，土壌中では短い期間では15〜20日間，長い場合は120〜140日間病原性が保持されている。ただし，土壌を低温乾燥条件に保つと生存期間が長くなる。したがって，キュウリの作付けまで3〜4カ月間程度であれば，土壌を媒介した伝搬がおこり得る。

②第一次伝染

キュウリへの侵入部位は水孔で，毛茸の折れ口や微細な傷口からも容易に侵入し，湿度が高いと気孔からの感染が多くなる。本病は古い葉より若い葉のほうが感染しやすく，病斑の拡大もすみやかである。理由は，若い葉は，アミノ態窒素の量が古い葉より2倍くらい多いためと考えられている。葉に侵入した病原菌は，おもに細胞間隙内に認められ，そこで増殖して病斑が形成される。

本病は20〜30℃の範囲で発病し，25℃前後で最も発生が多い。しかし，ハウスなど日中気温が上昇するような環境では，15℃以下で発病する。本病の感染，発病には温度条件より湿度条件が大きく関与し，湿度90〜95％以上では典型的な大型病斑が形成され，85〜90％では微細な小斑点にとどまる。病斑形成に共通していることは多湿条件がつづくことで，接種後24時間飽和湿度が継続すると大型病斑が形成されるが，6時間以下では微細な小斑点が形成されるだけである。

③第二次伝染

病斑上で増殖した病原細菌が，ハウスのカーテンに落下する水滴や雨滴などによって周囲に飛散し，健全株の葉に付着して第二次伝染する。降雨はじめの5〜60分間には，発病部分から滴下した病原細菌は，侵入感染に十分な量の$10^5 \sim 10^6$/mℓ検出される。これらの病原細菌が水孔や微細な傷口，気孔から侵入して第二次感染する。

3│発病の生態

①初期発病

本病はごく低率ながらも種子伝染により苗に伝染する。

露地栽培では4月下旬〜6月下旬に発生し，とくに梅雨期には多発生し，夏季の高温時期には一時発生が停滞する。秋作キュウリでは気温が下がりはじめる9月中下旬ごろから発生し，秋の長雨のときに多発生する。

施設栽培では，換気または湿度管理の悪いハウスで多発生し，低温期の密閉多湿の環境で多発生する。ハウスでは冬季〜早春の促成栽培や半促成栽培に多く，2月下旬ごろからすでに苗床で発生する。温度を保つために，締め切って高温多湿になったハウスでは発生が激しく，4〜5日で全葉に発生し，ハウス内に広がる。このような場合は果実も軟化腐敗し，4月中下旬から収穫後期まで被害がつづく。

また，窒素質肥料の多施用とリン酸の施用が増すと，発病が助長される。

②周囲への伝染

発病部分に病原菌が漏出し，それが降雨またはハウス内の天井やカーテン部分から落下した水滴によって周囲に飛散して，葉の水孔や，湿度が高いと気孔から侵入する。

このとき無傷の葉に水滴があると病斑が接触して伝染し，さらに微細な傷口があればそこから容易に感染，発病する。このほか，接ぎ木のときに病原細菌が付着したクリップ，カミソリの刃によって感染したり，病原菌が付着している誘引ひもなどが葉に接触した状態で24時間高温に保たれると感染，発病する。

4│伝染環の遮断と防除法

発病した葉は，発病初期からなるべく摘除し，発病のひどい株は抜き取る。病斑部に漏出した病原菌が，ハウスの天井やカーテンに生じた水滴が落下して周囲に飛散しないように，カーテンには水滴が付着しないような素材のものを使用する。

施設栽培では光条件をよくするために密植を避けたり，ハウス内の換気を十分に行なったりすることはもちろんのこと，低温時には十分に暖房を行なってハウス内が過湿にならないようにし，場合によっては除湿器によってハウス内を除湿すると効果は高い。

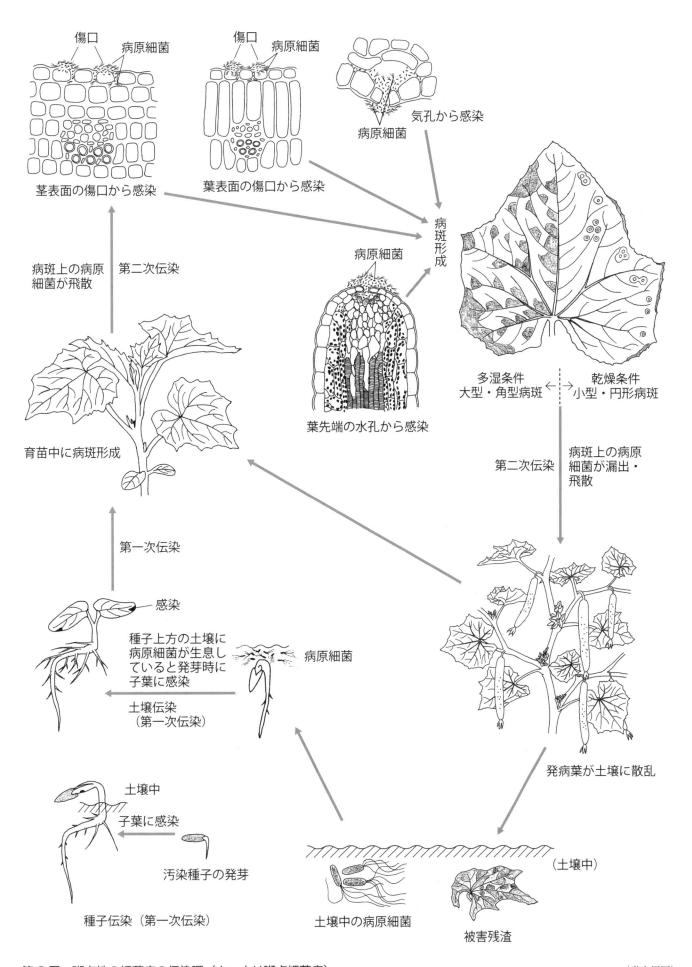

第9図 斑点性の細菌病の伝染環（キュウリ斑点細菌病） (米山原図)

細菌病

⑩ 黒腐病　（キャベツ黒腐病 – *Xanthomonas* 属菌）

1｜病徴

幼苗期には，子葉先端のくぼんだところから黒変しはじめる。つづいて葉脈を中心に広がり，子葉が萎れる。このような苗は枯死するか，回復しても奇形になる。

本畑での発生は下葉から発現し，葉縁に不整形で丸みをもった病斑，または葉脈を中心に開いたV字型の黄色い病斑ができる。これらの病斑はしだいに拡大し，葉脈は褐色から紫黒色にかわる。その後，病斑部は乾燥して破れやすくなる。結球部では球頭に淡黒色の病斑ができ，その葉脈が紫黒色に変色する。

しかし，病患部の軟化や腐敗もなく，悪臭もしない。また，根茎部が侵されると導管が黒変し，しだいに腐敗して根茎の髄部が消失して，空洞になる。しかし，組織は軟化，腐敗しない。

春と秋に多発するが，夏と冬にはほとんど発生しない。

2｜伝染環

①種子伝染

本病の病原菌は短桿状で1本の鞭毛をもつグラム陰性菌で，3℃以下では生育せず，5～39℃で生育し，30～32℃が生育適温である。

本病の第一次伝染は種子である。果梗に存在している病原菌は莢の維管束に達し，珠柄と縫合線脈の接点を通って珠柄と種子の接点（へそ）に侵入して珠柄が汚染される。

保菌種子が播種されると，種皮などに存在していた病原菌は，発芽した子葉の表面で少しずつ増殖して，水孔や病原菌の増殖が多い場合は気孔，あるいはなんらかの原因で生じた微細な傷口や根，胚軸からも侵入する。そして，侵入部の柔組織や細胞間隙で増殖しながら組織に蔓延し，やがて維管束に達して導管内に侵入し，上方の組織に移行，蔓延して病斑を形成する。

②第一次伝染

健全種子から発芽した幼苗の子葉の表面で，土壌中に生息していた病原細菌が少しずつ増殖したり，土壌中の病原細菌が雨水や灌水時の水の跳ね上がりとともに，幼苗に付着して徐々に増殖し，やがて水孔，気孔あるいは微細な傷口から侵入して病斑を形成し発病する。

乾燥した発病葉から129日後でも高率に本菌が分離され，アブラナ科雑草によっても越冬する。また，発病葉が土壌に埋没すると本病の伝染源になり，土中に深く苗を植え付けると感染発病までに1カ月くらいかかるが，2カ月後でも発病させる。なお，乾燥葉では発病が遅れる。

③第二次伝染

本病の第二次伝染にとっては，降雨と高温が好適な環境であり，高温多湿が発病を促進する。

病原細菌は病斑上に漏出して，それが降雨や灌水によって周囲に飛散し，健全な作物に付着し，そこで増殖して多湿な条件下で水孔，気孔，微細な傷口，あるいは害虫の食害痕から侵入する。20～30㎜以上と，降雨が多いほど発生が多くなり，大雨や台風の被害を受けると多発する。

3｜発病の生態

①初期発病

本病は周年栽培や連作するほど発病が多くなる。また，生育初期からの窒素過多による過繁茂，または軟弱化によっても発病が助長される。赤土に比べて砂壌土で多発生する傾向がある。

キャベツには多くの作型があるが，気温が15℃前後ごろから発病が始まり，越年春どりでは3月中旬～4月上旬，夏どりでは5月中旬～6月上旬，秋どりでは7月下旬～8月上旬，冬どりは8月中旬ごろから発病がみられる。ただし，その年の天候（気温，降雨）によって遅速があり，15～28℃の範囲で発病が最盛期になるようである。本病はほぼ4～12月の範囲で発病し，気温が8℃前後（遅い場合は3～4℃）で，発生がおさえられるようである。

気温以外の要素は，相対湿度が高いことと，降雨が必須条件である。したがって低日照条件で，20～30㎜以上の降雨が多い年に多発生し，降雨が少ない年や地域では発生は少ない。

②周囲への伝染

病斑上に漏出した病原菌が降雨で周囲に飛散し，その後，多湿条件になると葉上で徐々に増殖して，水孔や気孔，微細な傷口あるいは害虫の食害痕から第二次伝染する。

4｜伝染環の遮断と防除法

①圃場衛生

発病株は根も含めて葉とともに畑に残さず，圃場外にもち出して土中深く（1m以上）埋める。病原菌はアブラナ科雑草などでも越冬するので除草しておく。

②栽培管理

種子は25℃で5～7日間乾熱処理をする。

多発生畑ではアブラナ科野菜の連作を避け，発生株は取り除く。キスジノミハムシやコオロギなどの食害痕も侵入門戸になるので防除しておく。

スプリンクラー灌水は，その圧力で葉に傷を生じやすく，土粒の跳ね上がりにより土壌中の病原細菌が葉に付着して，発病が助長されるので注意する。

③薬剤防除

育苗期に感染すると被害が大きいので，育苗期はもちろん，定植後は予防的に定期的に適用薬剤を散布するが，とくに台風などの強風後にはできるだけ早く散布する。

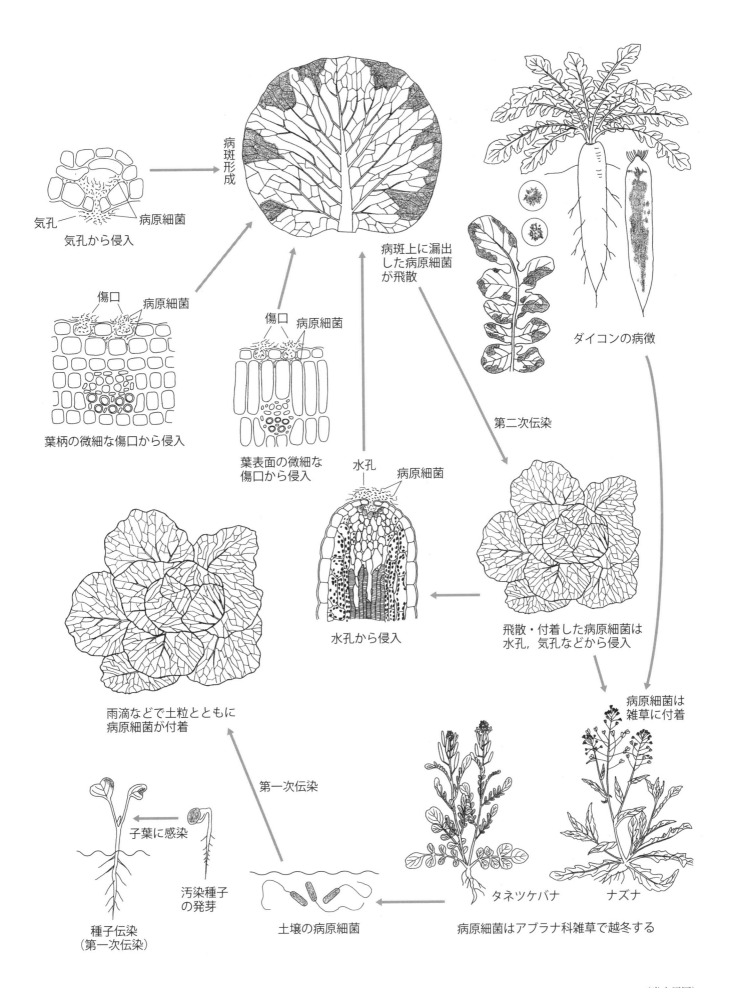

第10図　黒腐病の伝染環（キャベツ黒腐病）

（米山原図）

10-黒腐病

細 菌 病

11 青枯病 （ナス青枯病 − *Ralstonia* 属菌）

1| 病徴

病原菌は多犯性でトマト，ナスなどに発生する。はじめは上葉の数枚が葉縁から水分を失って，茎葉が緑色のまま萎縮する。2～3日間は，夜間や曇雨天の日には回復するが，その後は回復しなくなる。そして，全体の茎葉が萎凋し，最後には株全体が枯死する。本病は病勢の進展が急速で，発病1週間後には枯死しはじめるので，被害が大きい。

根は，はじめ部分的に褐変しているが，のちに全体が褐変，腐敗する。被害株の地ぎわ部を切断して水をいれたコップにいれると，切り口から病原細菌が流出して白濁する。

2| 伝染環
①第一次伝染

病原細菌は宿主作物が栽培されていなくても，土壌中で5年以上，比較的土壌水分の多い沖積土壌では，条件がよければ十数年も生存するといわれていて，少なくても数年間は発病に要する菌密度10^4/土壌1gが保持されている。しかし，乾燥土壌では比較的短時間に死滅するようである。

とくに深さ30cm以上の土壌は，表層土壌より水分含量が高いこと，また競合する土壌微生物の生息密度が低いため，本菌の生存に有利な条件になっている。本菌は，地表～1mくらいの深さでよく検出されるが，菌密度が高いのは地表下5～40cmくらいである。

本菌は宿主作物の根のまわりで増殖生存しているほか，雑草の根のまわりでも増殖するので，宿主作物が一度でも発病すれば，その後宿主作物を栽培しなくても雑草の根のまわりで長年月生存している。このようにして土壌中に生存している病原細菌は，宿主作物が栽培されるとその根に集まり，移植，中耕などによる傷口，なんらかの原因でできた微細な傷口，側根が発生するときにできる破壊溝，土壌害虫や線虫などの食害跡の傷口から侵入する。

侵入した病原細菌は維管束を通って全身に蔓延して茎葉が萎凋するが，その進展が急激で，葉がまだ緑色を保ったまま株全体が枯れる。これが第一次伝染である。

②第二次伝染

圃場では，健全株の根が隣接する発病株の根に接触して第二次伝染する。また，病原細菌は発病株の維管束を通して株全体に蔓延，移行しているので，管理作業の心止め，腋芽の摘除，誘引，収穫などで用いる刃物や手指などに，病原細菌を含んだ汁液が付着して，それによって容易に第二次伝染が行なわれる。

さらに，発病株の体内で増殖した病原細菌が葉面から溢出し，風雨で健全株に飛散して，毛茸の折れ口や微細な傷口から侵入したり，病原菌を含む土壌が無病の畑に流出して根部感染するなどでも第二次感染が行なわれる。

3| 発病の生態
①初期発病

8～9月に定植される越冬長期どり栽培では，いつでも発病の可能性があるが，定植後から11月ごろまでと，4月以降収穫終了まで多発生する。半促成栽培では5月以降に，露地栽培では梅雨期に発生しはじめ，地温が20℃をこえる夏の高温時に多発生し，被害が大きい。

地下水が高いと発病が助長され，土壌pHも6～8の範囲で発病しやすい。発病を助長する環境条件として，土壌の温度と水分があげられており，高温・多湿で，①土壌中の病原菌の生存が長くなる，②感染が多くなる，③感染後の発病の進展が早くなる，④宿主からの病源菌の流出と土壌中への拡散が助長される。

②周囲への伝染

健全株へは，隣接した発病株の根の接触により第二次伝染するが，土壌水分が高いほど伝染率が高い傾向にある。作業のときに手指，あるいは刃物に病原菌が付着することによっても容易に感染する。

また，水耕栽培では発病株の根から病原菌が多量に溢出して，水耕液中で繁殖・拡散し，健全株に第二次伝染する。その伝染は急激で全株が発病した例もある。

4| 伝染環の遮断と防除法
①土壌中の菌密度の減少

宿主以外の数種の作物を栽培すると土壌中の菌量が減ることが知られている。汚染畑でダイズ，スイートコーン，コムギ，キャベツ，カボチャ，スイカ，ホウレンソウやナス科野菜を栽培すると，ナス科とホウレンソウ以外の跡地では，ダイズ以外は菌量の増減はなかった。ダイズでは青枯病菌が検出されず，菌密度の減少効果がみられた。ダイズを青刈りしてすき込むと，土壌中の菌密度が減少した。

②栽培管理

地温が高いと発病しやすいので，敷わらをすると地表下10cmで最高温度が2～3℃低下するし，遮熱寒冷紗でマルチすると地温の上昇がおさえられるので，発病の遅延効果がみられる。また，夏季の太陽熱利用による土壌消毒は土壌中の病原菌量の減少に有効である。

そのほか，抵抗性台木（興津1，2号など）に接ぎ木する。しかし，赤ナスは半身萎凋病に対する抵抗性がやや弱いので，半身萎凋病が発生する畑では台木に使用しない。

窒素質肥料の偏用は発生を助長するので避ける。また，畑は高畝にして排水を良好にする。定植や中耕のときは，とくに根に傷をつけないようにする。さらに，収穫後は発病株の根の除去を徹底するなどして，土壌中の病原菌をできるだけ少なくすることが，本病防除の要点である。

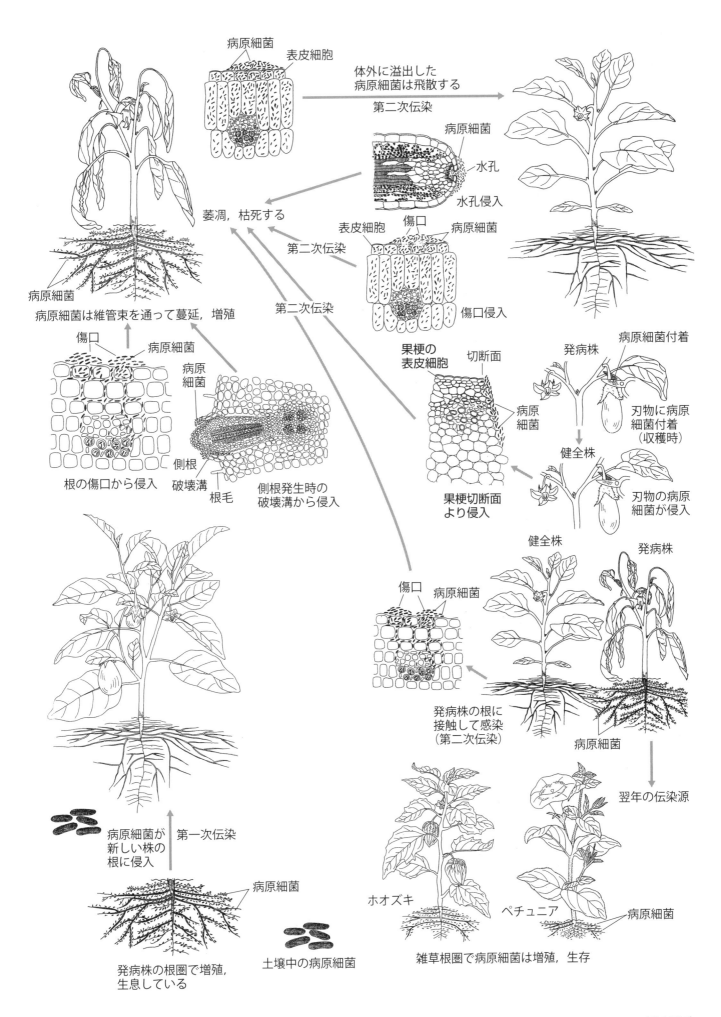

第11図 青枯病の伝染環(ナス青枯病) (米山原図)

細菌病

12 軟腐病 （ハクサイ軟腐病 – *Erwinia* 属菌）

1｜病徴

軟腐病は細菌による病気で，古くから全国的に発生が多い。30℃前後の高温多湿条件で発生しやすく，高温期に播種したり栽培したりする作型で多発し，被害が大きい。

生育初期には　葉柄や根頭部などが侵され，そこが水浸状になって，軟化腐敗するのが特徴である。

ハクサイなどの結球期には，はじめは葉柄の基部あたりが淡褐色の水浸状になり，その部分が軟化腐敗する。のちに結球基部も淡褐色に腐敗して下葉が萎れる。これらの腐敗部分がベトベトになって悪臭を放つ。

宿主範囲はハクサイ，カブ，キャベツなどアブラナ科のほかにも多くの野菜や花類など，きわめて広い範囲の植物に寄生して軟化，腐敗させる。

2｜伝染環と発病の生態

①初期発病（第一次伝染）

発病には温度，湿度が密接に関係し，夏（7〜8月）の高温期に播種，定植されたハクサイで発病が多く，結球不能になることがある。秋〜冬に温暖な年，生育前期に降雨が多い年や低湿地で発生しやすい。

ハクサイの播種期は地域により，また品種によってちがうが，一般的には結球が始まるのは播種後40日前後である。このころ以降にハクサイの感受性が高まると同時に，土壌中と葉上の病原菌が増殖して増えることで，本病が発病しはじめる。播種期を遅くすれば発病は減少するが，品質，収量は低下する。

病原菌は6〜35℃で生育し，適温は22，23〜30℃である。本病は土壌中の病原細菌が直接ハクサイに侵入して発病させるほか，雨滴による地表面からの病原菌の跳ね上がり，風による病原菌を含んだ土壌粒子の飛散，発病株の病斑上に溢出している病原細菌などの飛散などによって付着，感染して発病させる。

本病病原菌のような細菌類は，糸状菌のように作物の葉の細胞を貫通して侵入する能力をもたない。したがって，キスジノミハムシ，コオロギ，ヨトウムシなどの食害痕や，移植や中耕などの作業による傷口，あるいは自然開口部（気孔，水孔）などからしか侵入することができない。

傷口や水孔から侵入した病原細菌は，ハクサイの柔組織の中間膜を溶解しながら増殖して，一部は導管内に侵入する。そして，導管を通って根の方向や上方の健全な葉へと移行し，柔組織を溶解させながら増殖して，悪臭を放ちながらハクサイを軟化腐敗させる。

②第二次伝染

第一次伝染によって発病したハクサイの軟化，腐敗部には，多量の病原細菌が溢出している。これが風をともなった降雨などでまわりの健全株に飛散し，管理作業によってついた微細な傷口や自然開口部などから侵入し，第二次伝染する。

これ以外には，病原細菌が生存している発病畑の土壌粒子が風によって飛散したり，発病株を食害した害虫が病原細菌を体表に付着させたままで畑の全株に移動したりして病原細菌を伝搬し，第二次伝染が行なわれる。

3｜伝染環の遮断と防除法

①発病株の処置

病原細菌はほとんどの土壌中に腐生的に生息しているが，それらの病原細菌を少しでも減少させるために，発病株は根まわりの土とともに抜き取り焼却する。

また，発病して軟化，腐敗した部分には病原細菌が溢出していて，第二次伝染源になるので，たとえ被害が軽微な株であっても，発病株はみつけしだい腐敗した部分はもちろんのこと，下葉も含めて根とともに除去し，土中深く（1m以上）埋めるか焼却する。

発病畑では，排水を良好にしなければならない。また，管理作業中は，葉になるべく傷をつけないよう十分に注意する。

②栽培管理

無病地に栽培することが最も有効であるが，本病に関しては，たとえハクサイを栽培していない圃場でも発病することがある。

たとえば，ハクサイを栽培したことのない牧草地で，イタリアンライグラスとレッドクローバを5年間連作したあとにハクサイを栽培したところ，牧草地で5年間ハクサイを連作した場合と同じ程度に軟腐病が発生したという試験結果がある。また，本病の非宿主作物（エンバク，マメ科作物）の輪作を行なったあとにハクサイを栽培しても，本病がかなりの程度で発病したとの報告もある。このように，無病地に栽培することが，必ず本病の防除に有効だということにはならないので，注意したい。

本病の防除にあたっては，高畝栽培，敷わらや堆厩肥を施用したマルチ栽培が有効である。また，窒素質肥料の施用過多は，ハクサイが過繁茂になって発病しやすくなるので，窒素質を少なくする。そして，堆肥と化学肥料を適宜組み合わせて施用し，ハクサイの生育をある程度抑制すると発病が軽減される。

③薬剤防除

薬剤防除は，発病初期の散布がある程度有効であるが，発生が多くなってからの効果は小さい。さらに，害虫の加害による傷口から病原細菌を侵入させたり，体に付着させて病原菌を伝搬するので，害虫の防除も重要である。

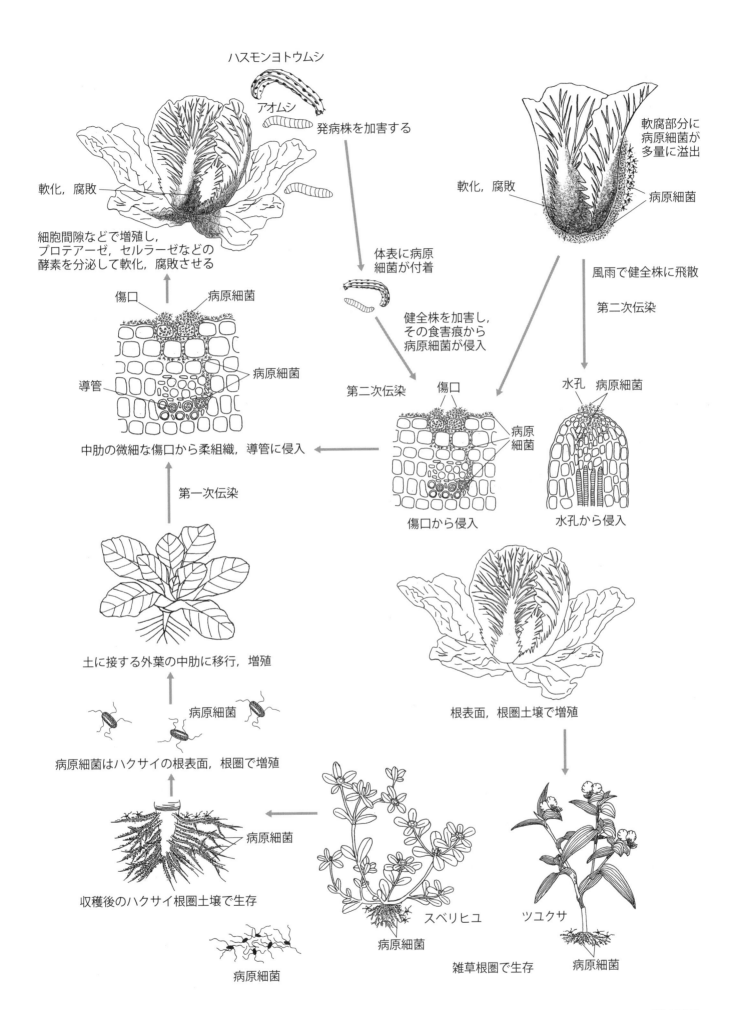

第12図 軟腐病の伝染環（ハクサイ軟腐病）

（米山原図）

12-軟腐病

細菌病

⑬ かいよう病 （トマトかいよう病 − *Clavibacter* 属菌）

1｜病徴

種子伝染と土壌伝染する。種子伝染は種子の表面や内部に病原細菌が生存し，発芽とともに発病する。土壌中には被害茎，葉とともに3年以上生存し，トマトが定植されると雨滴とともに跳ね上げられ，管理のときの茎葉の傷，とくに摘芽時の傷などから侵入して発病する。25～28℃の気温で発生しやすい。

はじめ葉が葉柄とともに垂れ下がり，葉縁や葉脈間が巻き上がって葉脈間が黄変したり，ひどいと褐色に壊死する。これらの茎や葉柄を割ると髄部分が淡黒色，黄褐色に変色したり，組織が崩れたり，ひどいと中空になっていたりする。病勢がすすむと葉，茎，葉柄，果梗，果実などにやや隆起した2～3mmの鳥目状の小病斑を生じる。

2｜伝染環と発病の生態

①第一次伝染（初期発病）

本病の病原細菌に汚染された種子は，播種されると土壌中の水分を吸収して発芽する。病原菌は，発芽，発根したばかりの幼植物の表面で生存し，植物が分泌する養分によって少しずつ増殖をつづけ，子葉の気孔，水孔あるいは微細な傷口から侵入の機会をうかがっている。他方，土壌中で越冬した病原細菌は，種子から発根したトマトの根部になんらかの原因で生じた傷口から侵入する。これが本病の第一次伝染である。

侵入した病原細菌は，はじめ細胞間隙で増殖しているが，やがて維管束のとくに導管内に侵入して，さらに増殖しながら上方，上方へと蔓延する。侵入，感染した部分を中心に，病原細菌が増殖するときに生産する毒素に組織が反応して中心部の髄が褐変する。侵入された維管束も褐変して導管の機能が弱るため，茎葉が萎れたり，ひどいと枯れる。

本病の病原細菌の生育最低温度は1℃，最高は36～37℃で，24～27℃が最適温度である。本病は気温や地温が16～28℃で発生する。なお，温度だけでなく，多湿条件や栽培管理などの関係でも発病程度がちがってくる。

②第二次伝染（周囲への伝染）

本病は，葉や茎の表面にかいよう状の斑点を形成したり，維管束を褐変させたり，ひどいと髄部を空洞化させて枯死させることがある。病原細菌はかいよう状の斑点や褐変，または空洞化した髄部，あるいは維管束に存在しているので，空気湿度が高かったり，降雨がつづいたりすると病斑上に病原細菌が滲み出し，健全なトマトの茎，葉，果実などに飛散して，毛茸や気孔，微細な傷口から侵入，感染する。

髄部や維管束部が褐変した株の腋芽を摘除したり摘心したりすると，切り口から病原菌が溢出する。これらが作業中の手指やハサミなどに付着したまま，次の株の腋芽を摘

除すると，その傷口や手指が触れて折れた毛茸の折れ跡から病原菌が侵入，感染する。

そのほか，発病畑で繁茂しすぎた葉を摘除したり果実を収穫したりすると，そのハサミに病原菌が付着して，それによって次々と感染する。

越冬栽培では育苗期にはもちろんのこと，晩秋から冬季の低温期に下位節の腋芽摘除が数回行なわれる。そのときに感染したと思われる株は，1段果房，2段果房の収穫のころに株全体が萎れ，ひどい場合は枯死する例が多くみられる。

3｜伝染環の遮断と防除法

①圃場衛生

発病した後の組織内の病原細菌は，1～2年間生存して次作の第一次伝染源になるので，発病した株は根とともに畑の外に出して焼却するか土中深く（1m以上）埋め，土壌に散乱した葉，幼果などはていねいに取り除く。

②種子の乾熱処理

最も実効性の高い種子消毒は乾熱処理で，75℃で3日間以上，70℃では4～6日間の処理が有効とされている。しかし，種子内部に存在している病原細菌は，乾熱80℃で3日間の処理でも，ごく低率ながらも病原細菌が分離されている。したがって，実用的には乾熱80℃で1週間の処理をしなければならない。

乾熱処理にあたっては，50℃で2日間の予備乾熱を行なって，種子の水分を低下させないと，発芽障害をおこす可能性がある。いずれにしても乾熱処理は施設，装置を要するので，種苗会社による処理を期待しなければならない。

③栽培管理による発病回避

脇芽の摘除による第二次感染を極力防止して，病原細菌の侵入の機会を少なくする。前述したように，維管束や髄部が褐変している株の腋芽を摘除すると，手指やハサミに病原菌が付着する。それに気がつかないまま，健全株の腋芽を摘除すると，腋芽の摘除跡や，摘除のときに折れた毛茸の折れ口から病原細菌が侵入，感染して発病する。一般的には，本病に感染していないとの思い込みから，不用意に誘引，腋芽の摘除が行なわれて感染するので，定植直後から最初の腋芽摘除の前，あるいはその直後に本病防除の適用薬剤を散布することが望ましい。

ハサミなどの器具も多く準備しておき，1株ごとに取り換え，そのつど抗生物質などで消毒する。

また，腋芽を元から10cmくらいの位置で切除すると，もしハサミで感染したとしても，切り口の組織が早く乾燥して萎びてしまうので，その部分から元のほうへの病原細菌の移行が防げる。

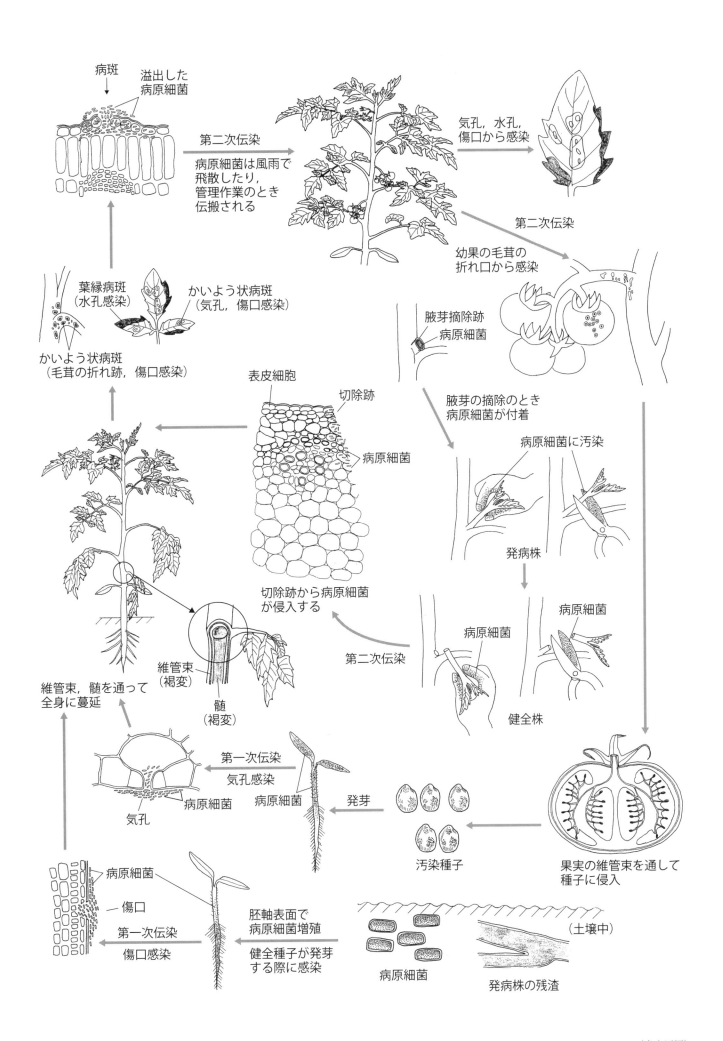

第13図 かいよう病の伝染環（トマトかいよう病） （米山原図）

菌類病

14 根こぶ病　（ハクサイ根こぶ病 － *Plasmodiophora* 属菌）

1 病徴

晴天の日中は萎れ，朝夕は回復する。やがて葉が淡緑色になる。ほとんど症状がみられないが，やや生育が遅れぎみになり，やや萎れぎみになる。そうした株の根をみると，大小のこぶがみられる。小さいものは数mm～数cm，あるいはこぶし大など大小不ぞろいで，形もやや円形から不正円形，こぶ同士が連なってできる。これらのこぶはネコブセンチュウによる大小のこぶより大型である。

生育初期に発病したものは早い段階で枯死するか，茎葉の生育が非常に悪いので著しく減収する。結球後に発病したものは被害が軽いので，出荷が可能なこともある。

2 伝染環

①病原菌の土壌中での生存

本菌は不良環境に対する耐久性がきわめて強い休眠胞子を形成して，土中で7～10年間も活性を保ち，水田にした後でも死滅しない。

土中での分布は地下10cmまでの表層で最も多く，40cmくらいまで生存している。本病は壌土や黒ボク土など腐植質土壌で発病が多く，これに反して有機質含量の少ない砂質土壌や粘土質，赤土地帯では発病が少ない傾向がある。

発病には土壌水分が関係し，移植後の10～12日間が多雨だと発生が助長される。これは，休眠胞子が発芽した遊走子が根毛に達するには，土壌中の水の中を泳がなければならないので，水を必要とするからである。土壌水分は最大用水量の60％以上と，水分含量が多いほど発病が激しい。

このほか，土壌pHが大きく関与し，一般的にはpHが低い土壌で多発生し，4.0～7.3のあいだで発病が認められ，pH5.0～6.0あるいはpH4.5～6.5で多発するとされている。

②第一次伝染と第二次伝染

厚膜の休眠胞子（第一次遊走子のう）は亜球形～球形で直径3.2μm。老化したこぶに10^9個／1g生存し，アブラナ科作物の根が近づくと休眠からさめて発芽し，大きさ2.5～3.5μmで鞭毛をもった遊走子を放出する。発芽は6～27℃の範囲で行なわれ，18～25℃でよく発芽する。

1個の休眠胞子から1個の第一次遊走子を生じ，水中を泳いで根毛に達して付着すると，鞭毛を失って被のう化して根毛に侵入する。これを第一次感染といい，被のう内にできた弾丸状の構造が根毛細胞壁を突き破って侵入する。

根毛内に侵入した菌体は第一次変形体といい，この根毛内で核分裂と分割によって短時日に球形の細胞を形成し，その細胞の原形質は4～8個の第一次遊走子のうになり，その1個内に7～8日間を要して4～16個の第二次遊走子を形成する。これ以降，この遊走子は根毛細胞壁に接して発芽し，第二次遊走子を根外の土壌中に放出する。

第二次遊走子は2個ずつが核融合を伴わない細胞質融合を行ない，主根，側根の表皮細胞に侵入し皮層組織が感染する。その後，粘液アメーバ状になって根組織中を移動して柔組織細胞内に侵入し，第二次変形態を形成しながら増殖する。第二次変形態に侵された宿主の細胞は，異常分裂と多量のオーキシンを生成することによって肥大し，こぶになる。これを第二次感染という。

根こぶ細胞内では膨大な遊走子のうの集合体が形成され，核融合と減数分裂によって休眠胞子になり，成熟する。やがてこぶ組織が破壊されると休眠胞子は土壌中に放出され，土壌中で越年して，翌年の第一次伝染源になる。

3 発病の生態

①初期発病

発病時期はおもに春～秋で，夏の発生は少ない。根こぶの形成は日長の長短と関係し，11.5時間では発病しにくく，16時間で最も発病しやすい。こぶ形成に長日の春作では15～20日間，短日の秋作では20～25日間を要する。しかし最近，病原性の強い菌系では，10時間12～30分前後の日長でも激しく発病することが明らかになり，こうした菌系では日長の影響は必ずしも大きくない。

こぶを形成して発病するには地温も大きく関係し，9～30℃で発病し，20～24℃が適温である。これは休眠胞子の発芽に強く影響するためで，菌が侵入してからのちの進展には影響しないようであり，夏季高温では発病しにくい。

②周囲への伝染

発病畑に新たな苗を植え付けると，その株に根こぶ病菌は感染する。発病して根こぶが形成されると，病原菌はそこに休眠胞子を形成する。その休眠胞子が発芽して第一次遊走子を出し，ただちに新たな根に感染して第二次伝染するか否かは明らかではない。

4 伝染環の遮断と防除法

①圃場衛生

発病した畑で使用した耕耘機や農機具，履物などは土を洗い流して，病原菌が含まれた土壌を他の畑にもち込まないようにし，根こぶが形成された根を，こぶとともに抜き取り焼却する。それでも土壌中の病原菌密度を低下させるほど低くならないが，発病株の残渣処理を怠ると病原菌は急激に増加する。被害残渣は根とともに可能なかぎり除去すると，菌量は60～80％は減少するとされている。

②栽培管理

抵抗性品種を用いるようにする。これが不可能であれば，石灰質肥料を用いて土壌pHを高める。Caイオンは土壌のpHを高めるとともに，休眠胞子の発芽を抑制して根毛感染を阻害し，こぶの形成を抑制する効果が期待できる。

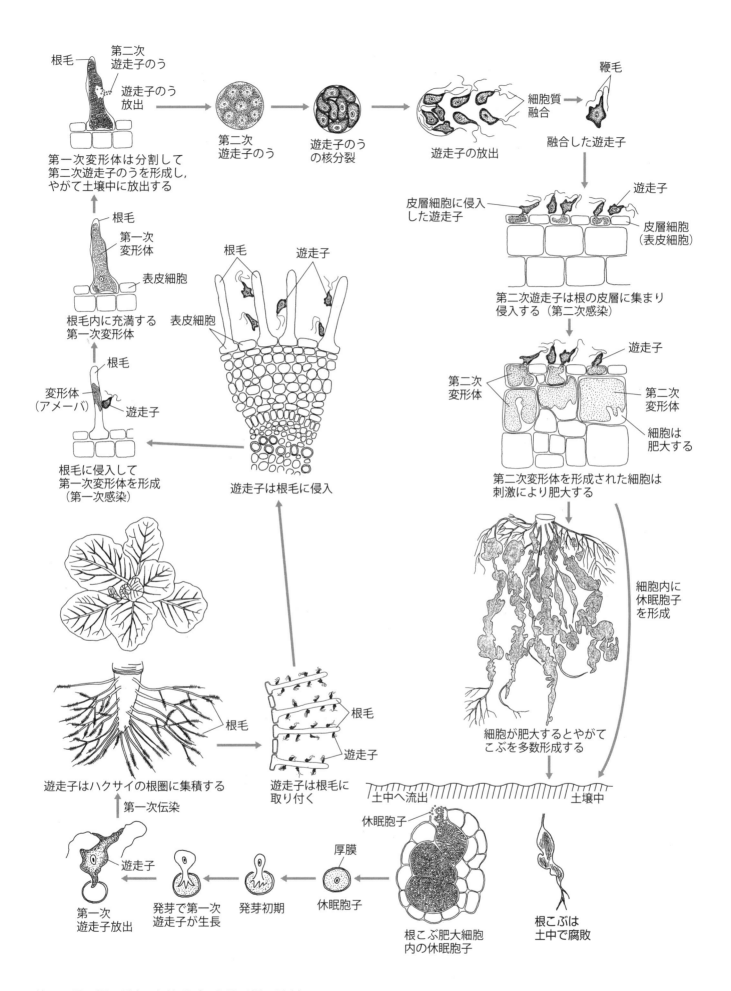

第14図 根こぶ病の伝染環（ハクサイ根こぶ病）　　　　　　　　　　　　　　　　　　　　（米山原図）

14-根こぶ病

菌類病

15 *Aphanomyces* 属菌による根腐病 | （インゲンマメ根腐病 – *Aphanomyces* 属菌）

1 | 病徴

幼苗期には，細根が褐変腐敗して直根が赤褐色になって亀裂を生じ，生育不良にはなるが，枯れることはない。育苗した場合も，定植後しばらくは生育不良のままなので，こうした株は本病に侵されているとみてよい。

やがて下葉から黄化しはじめるようになり，まず胚軸部に赤褐色〜黒褐色で不定形な線状の病斑を生じるようになる。その後，直根が赤褐色〜黒褐色になり，脱落しはじめる。そして，地上部の生育が衰え，下葉から衰えはじめ葉が黄緑色になって萎れ，全体としては生育が衰え，地上部が黄緑色になって萎凋し，枯死する。

2 | 伝染環

①本菌の土壌中での生存

本病病原菌は腐生的な菌で，競争力が弱く，被害残渣内に卵胞子の形で残存する。被害残渣の組織内ではかなりの期間生存できるようであるが，土壌中では菌糸が溶菌しやすくて生存力が弱いため，2カ月後には病原性は低下する。

卵胞子と菌糸を3カ月風乾状態にしても感染力は低下せず，自然汚染土壌を30日間風乾状態にしても病原性を維持していた。また，第一次遊走子が鞭毛を消失した被のう胞子は，細胞膜が厚く生存力を有するが，それから形成された第二次遊走子は，細胞膜が薄く溶菌しやすい。新鮮な根の組織中の卵胞子の発芽率は18%と比較的低いが，枯死した植物残渣の組織内の卵胞子の発芽率は40%と高い。

他方，本菌は長年月，土壌中で生存するとの研究報告もあり，汚染土壌の凍結と解凍をくり返したり，乾燥と湿潤のいずれの状態にしても，2年以上の生存が認められている。

②第一次伝染

本病は出芽直後から発生し，はじめは根に淡褐色，水浸状の病斑があらわれ，これが根全体，胚軸部に進展する。播種20〜30日後になると地上部が急に黄化，萎凋しはじめる。主根は地ぎわ部から細くなって空洞化し，やがて全体に枯れ上がる。

被害残渣内の卵胞子は，24℃前後で1〜8本に分岐した発芽管をのばして発芽する直接発芽と，遊走子のうを分化して遊走子を放出する間接発芽を行なう。間接発芽では長い発芽遊走子のうをのばし，その中で遊走子が分化して先端部から1個ずつ遊出する。この遊走子は遊出するとすぐに被のう化して，遊出した遊走子のうの先端にブドウの房状の被のう胞子の集塊をつくる。

2〜3時間後には，これらの被のう胞子から第二次遊走子が放出されて，水中を自由に泳ぎまわる。これらは，作物から滲出された物質に誘引されて宿主上に集まり，根への走性を示して根に集まる。根の表皮組織に到達すると，鞭毛を消失して被のう化し，1〜2時間後には発芽管をのばして発芽し，付着器様のものを形成して細胞間隙から侵入，感染する。

はじめの数時間は，菌糸を分岐せず細胞間で蔓延し，その後は細胞内にも菌糸を伸長させ，24〜25時間後には卵胞子が形成されるようである。本菌は感染組織内で異株性，同株性により，造卵器，造精器をつくり卵胞子を形成する。

③第二次伝染

発病した根や地ぎわ部の組織内に卵胞子を形成したり，遊走子のうを形成したりして，そこから放出される遊走子がすぐに被のう胞子になる。これらから放出されて遊泳する第二次遊走子は，水中を遊泳して根部に泳ぎつく性質をもち，根部に達するとそこで発芽し，伸長した発芽管が表皮細胞の間隙から侵入して第二次伝染する。

これ以外にも土壌表面近くの遊走子は，降雨によってほかに流れたり，降雨による土粒の跳ね上がりで，土壌とともに健全なインゲンマメに到達して第二次伝染する。

3 | 発病の生態

①初期発病

本病は感染して20〜30日後ごろから発病がみられる。本病は気温との関係が深く，北日本では6月中下旬に病勢が急激に進展するが，低温の年には7月上旬になることもある。作型，播種期とも関連するが，気温の高い地域ではそれより早く発病がみられる。

②周囲への伝染

本菌は28℃で生育が良好であるが，発病は20℃前後からみられる。第一次感染により発病したのちには，その病斑部に形成された病原菌の卵胞子，遊走子により，すみやかに第二次伝染が行なわれる。とくに降雨がつづいて土壌水分が過剰になった場合に，激しく発病する。

4 | 伝染環の遮断と防除法

①圃場衛生

発病畑では3年間以上輪作する。発病株に形成された卵胞子や遊走子のうが第二次伝染源になるので，発病株は早いうちに根まわりの土壌とともに抜き取り焼却する。また，栽培終了後にも被害残渣を根とともに抜き取り，畑に残さないようにする。

②栽培管理

本菌は水分を好むので，排水不良畑は排水を良好にし，雨水が流入しやすい畑では，流入しないようにする。高畝栽培が可能であれば，高畝にして株まわりの土壌をなるべく乾燥させるように努める。播種1週間前に尿素を全面に土壌混和すると初期発病が抑制される。

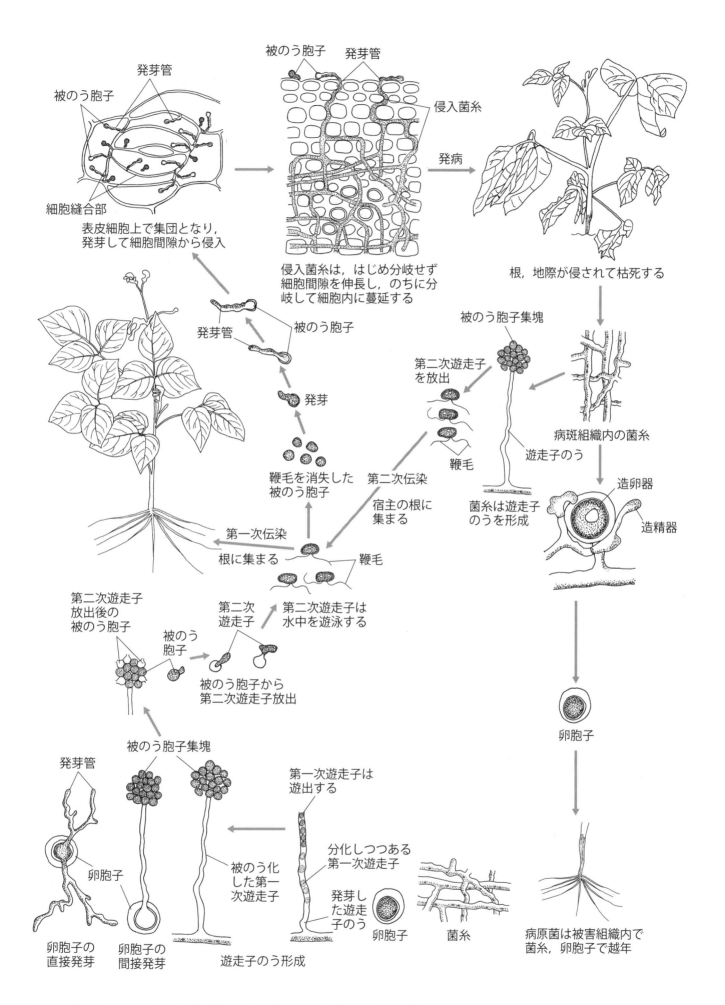

第15図 アファノマイセス属菌根腐病の伝染環（インゲンマメ根腐病） (米山原図)

菌 類 病

16 白さび病 （ダイコン白さび病 – *Albugo* 属菌）

1 病徴

おもに葉，葉柄などに発生する。はじめ小さな乳白色の点状として発生し，この病斑部の表面は，輪郭がはっきりしない乳白色でやや黄色みがかった小さな斑点になる。病斑部の葉の裏面には，白いカビが盛り上がってできた白い小粉塊ができる。その1～2mmの粉塊が互いにくっついて小斑点になる。これは病源菌の胞子のうであり，中に多数の胞子が形成されている。この胞子が飛散して，侵入，感染して発病する。

本菌に寄生されると，根部表面に5～10mmほどの円形～楕円形の淡い黒色のリング状を生じることがあり，これが「わっか症」で商品性を大きく損なう。

葉に侵入した菌糸は組織内に蔓延して増殖するが，葉の細胞組織はとくに肥大することはない。しかし，花梗や採種栽培での莢などが感染すると，肥大したり，ねじれたりして奇形になる。さらに，白い小粉塊が形成されない場合もある。

2 伝染環

本病は「さび病」であるが，通常いわれている「さび病」とは全くちがう。すなわちネギさび病菌，キク白さび病菌などは担子菌類であるが，本病の病原菌は卵菌類に属しており，分類学的所属が大きくちがう。そのため，生理的性質や生活環境がちがうのである。なお，両方とも絶対寄生菌なので人工培養できない。

①第一次伝染

本病の病原菌は，被害作物の組織の中で卵胞子の形で越冬するが，その被害組織が土中で腐敗すれば，卵胞子は土中に放出されて越冬または越夏し，次の作付けの第一次伝染源になる。

卵胞子は単胞，球形で角のある厚い壁をもち，大きさは直径30～48μmで，一定の休眠をした後に水分を得ると発芽する。春季または秋季にアブラナ科の野菜が栽培されると，卵胞子の発芽によって放出された2本の鞭毛をもつ遊走子は，水滴中を遊泳して作物に到達し発芽する。その後付着器を形成し，到達した作物の気孔から侵入し，吸器をのばして栄養分を吸収する。これが第一次伝染である。

本菌の胞子のうの発芽温度は0～25℃，最適は10℃で，比較的低温を好む。潜伏期間はふつう7～10日間で，好適条件でも5～7日間である。

②第二次伝染

宿主作物に第一次伝染して寄生してからは，栄養分を吸収してやがて白さびとして生長し，独特の「白さび病」としての病徴がみられ，菌糸を組織中にのばして栄養分，水分を吸収し被害を与える。

また，水分を得て放出された遊走子は，水滴中を遊泳して健全な葉に付着して第二次伝染する。感染すると菌糸が組織中を蔓延増殖し，表皮下に胞子のう（分生子，遊走子のう）を連鎖状に形成して白さび病の症状がみられ，これが飛散して次々と伝染をくり返す。

3 発病の生態

①初期発病

本病は比較的低温を好み，最適温度は10℃で春，秋の気候が適する。関東地方では3月下旬ごろや10～11月下旬ごろに多発するようになり，夏の高温期と冬の厳寒期には発病が停滞する。

本病は気温のほか，降雨など水分の多少が発病に大きく関与する。春，秋の第一次伝染となる卵胞子および第二次伝染源となる胞子のう（分生子，遊走子のう）の発芽によって生じる遊走子は，水中を遊泳して移動するため，降雨などの水分が伝染にとって必要条件になっている。

本病菌は絶対寄生菌で活物寄生なので，腐敗した有機物には寄生して生息できない。すなわち，発病したアブラナ科野菜の茎，葉の組織内で卵胞子の形で越夏，越冬し，気温，水分などが好適条件になったときに，遊走子を放出して第一次伝染する。

②周囲への伝染

第一次伝染により葉に形成された白いぼ状の病斑は，連鎖状に多数形成された胞子のう（分生子，遊走子のう）で，やがては周囲に飛散する。これらは水分を得ると発芽して多数の遊走子を放出し，健全な葉に付着してから侵入する。第二次伝染である。侵入した菌糸は細胞間隙に蔓延し，吸器を細胞内に挿入して養分を吸収して栄養分を吸収し，さらに蔓延する。

4 伝染環の遮断と防除法

①圃場衛生

前作で発病した葉や，収穫せずに畑に残った被害株や残渣はきれいに取り除き，集めて焼却するか土中深く（1m以上）埋める。

②栽培管理

本病の伝染には降雨や水が必要条件なので，栽培中は，降雨にあわないようにビニールフィルムなどで被覆して雨よけする。それでも夜間には気温が下がり，空気中の水分が露として葉に付着するので，密植を避けて土壌をなるべく乾燥させる。

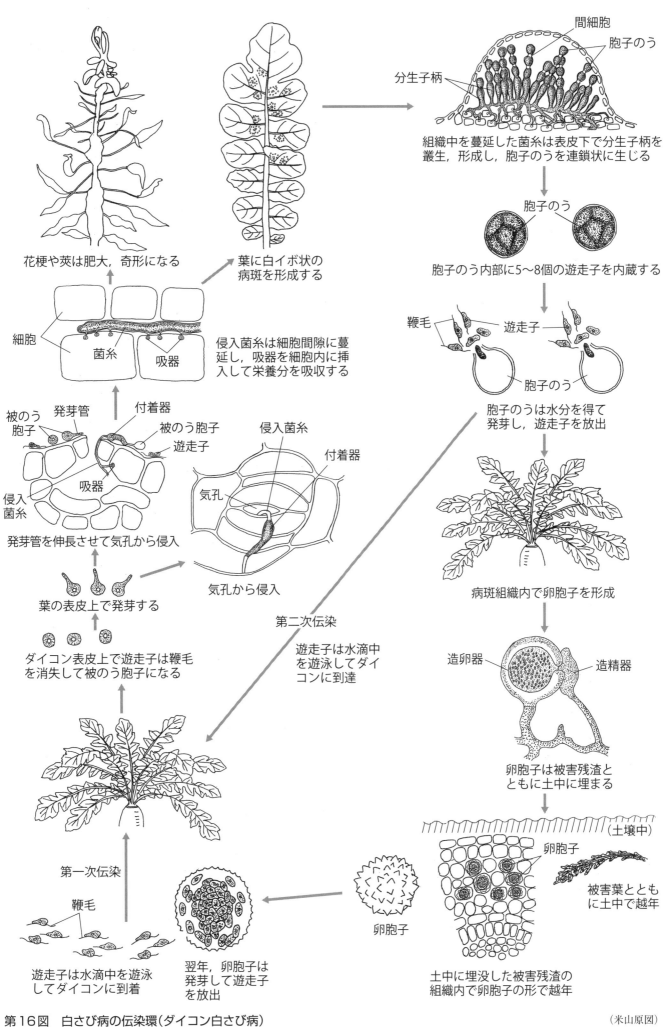

第16図 白さび病の伝染環（ダイコン白さび病）　　　　（米山原図）

16-白さび病　37

菌類病

17 べと病 （キュウリべと病 – *Pseudoperonospora* 属菌）

1 病徴

　育苗中には葉の表面にスス状のカビを形成する。本病の病斑はやや角形に少しずつ拡大して，葉脈に区切られて角ばった黄褐色の病斑になる。多湿時には，この角形の部分の葉の裏面にスス状のカビを生じる。病斑が多数生じた葉は，全体が黄化して枯れ下がる。発生がひどいと下葉から枯れ上がってくる。

2 伝染環

①病原菌の侵入方法

　病斑部の気孔から分生子梗を抽出して，その先端に分生子が形成される。分生子の形成は 15 ～ 22℃ が適温で，10℃ 以下ではごく少量しか形成されない。この分生子が飛散してキュウリの葉に付着し，そこに水滴があると分生子の乳頭突起の部分が割れて発芽し，内部から 5 ～ 6 個の遊走子が放出される。この発芽は 5 ～ 24℃ が最適温度で，21 ～ 24℃ では 40 ～ 70 分間で遊走子が放出されるが，27℃ をこえると発芽率は低くなり，35℃ では全く発芽しない。

　2 本の鞭毛をもった遊走子は水滴中を遊泳した後，キュウリの気孔付近の表皮細胞上で鞭毛を消失して被のう胞子になり，その 2 ～ 3 時間後には発芽管を出して発芽し気孔から侵入する。菌糸はその後，組織内の細胞間隙を伸長して増殖し，細胞に棒状の吸器を挿入して栄養分を吸収する。

　べと病は細胞を貫通したり，細胞壁を溶かしたりする物質を生産することはない。侵入した菌糸は，もっぱら細胞間隙のある葉の柔組織に蔓延して，吸器によって細胞から栄養分を吸収する。しかし，細胞間隙がなく細胞が互いに密着している葉脈組織には菌糸を伸長できないので，葉脈に区切られた角形の病斑になる。

　べと病菌に感染したキュウリは，太陽光線によって十分に光合成が行なわれると病斑も多数形成される。午後から夕方までの光合成が，病斑部分の分生子を多数形成するのに利用されているが，昼間は形成されず，湿度の高い夜間に形成される。分生子は，感染して 4 ～ 7 日後に形成されはじめるが，その前日に光合成がさかんに行なわれると，翌日に多数の分生子が形成されるようになる。逆に曇天がつづくと分生子形成は減少する。分生子形成のための養分は，分生子梗につづく菌糸の内容物に由来していることが明らかになっている。

②第二次伝染

　第一次伝染により葉裏に形成された分生子は，成熟すると空気中に飛散して健全なキュウリの葉に付着する。そこに水滴があると発芽して遊走子を放出し，やがて気孔近くに達すると鞭毛が消失して発芽管を出す。そして発芽後にさらに伸長して，気孔から侵入する。これが第二次伝染で

ある。

3 発病の生態

①初期発病

　病気の蔓延と分生子の形成はほぼ同様の傾向がみられ，気温 20 ～ 24℃ で分生子が最も多く形成され，27 ～ 30℃ では形成されてもごくわずかで，33℃ ではほとんど形成されない。本病は平均気温 20℃ で発生しはじめ，平均気温が 24℃ になると病気が蔓延し，26℃ 以上になると病勢は衰える。したがって，ハウスと露地では発生時期がちがう。

　病斑は感染後 4 日，遅くとも 10 日目ごろに形成される。一般に，侵入した病原菌の数が多い場合，キュウリの葉が薄いときや軟弱に育った場合に，病斑が早く形成される。また，十分に展開した葉でよく発病するが，激しく発病した葉の上位葉や小さい葉では発生しないか，発生しても病斑は小型である。その理由は明らかではないが，遊走子が気孔近くで被のう胞子になることが少なく，また被のう胞子になっても発芽して気孔から侵入しないことによる。

②周囲への伝染

　発病葉の裏面の病斑部の気孔に形成された分生子が周囲に飛散して，第二次伝染が次々と行なわれる。

4 伝染環の遮断と防除法

①栽培管理

　本病の病原菌は過去に卵胞子が観察されたが，その後は観察されていないので，種子伝染，土壌伝染による第一次伝染は行なわれていないとみてよい。本菌は絶対寄生菌であるため，ほかで発病して形成された分生子が飛散して，苗床で第一次伝染すると考えられている。したがって，育苗中に発病の有無を注意深く観察して，初発病をみたら発病株を除去して焼却する。

　本病は多湿条件を好むので，育苗中には換気を十分に行ない，湿度を下げるようにする。ハウス栽培では定植後も十分に換気するか，降雨，曇天がつづきハウス内が多湿になるようであれば，日中に換気扇を運転するか，除湿器で空気湿度を低下させる。

②薬剤散布

　適用薬剤を発病直前か発病のごく初期に，かけむらのないように葉裏に散布する。気孔が多く集まっている葉裏にていねいに散布することが，最も適切な散布方法である。

　散布された薬剤が早く乾くように午前中に散布することが好ましい。一度乾けば 1 週間に 1 度，好天がつづき空気湿度が低いようであれば 10 日～ 2 週間間隔でよい。

　本病の病原菌には薬剤抵抗性が出現しているので，同一系統の薬剤の連続散布を控え，作用性の異なる系統の薬剤を交互に散布するようにする。

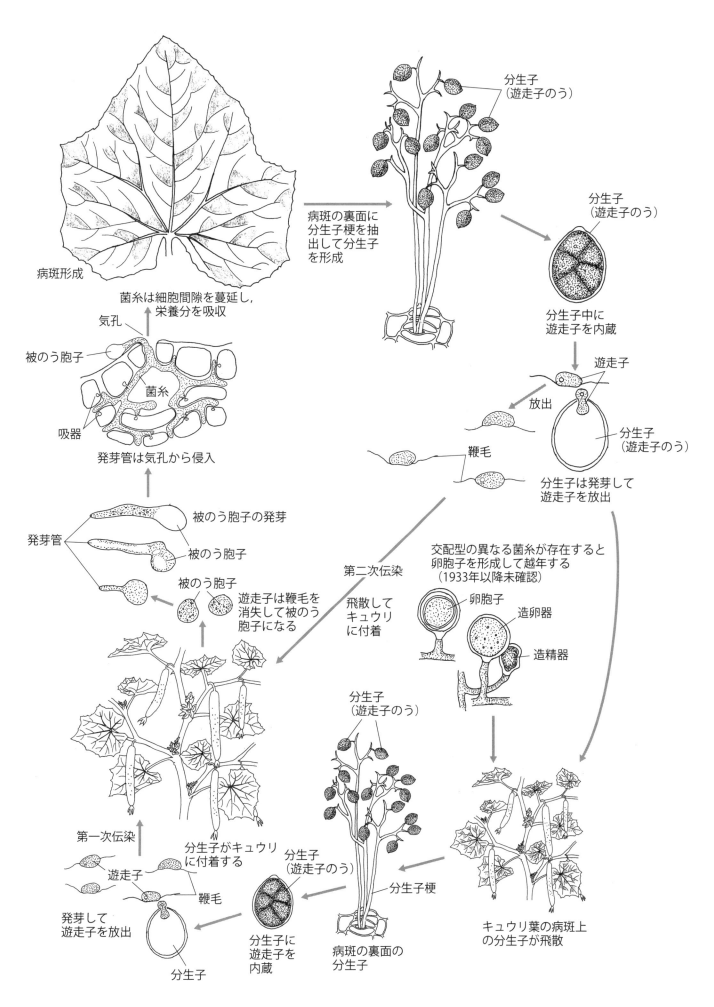

第17図 べと病の伝染環（キュウリべと病） （米山原図）

菌類病

18 べと病 （ホウレンソウべと病 – *Peronospora* 属菌）

1 | 病徴

はじめ葉の表面に茶白色ないし茶色の，境界が不明瞭な斑点を生じ，のちに拡大して淡黄色になって，ついには枯死して乾燥する。病斑の裏面にはネズミ色ないし灰紫色粉状のカビ（分生子梗，分生子（胞子のう））を生ずる。

開葉した外葉に発生することが多い。幼苗期に侵されると枯死，乾燥して株が消失する場合がある。

冬にはいったん発生や症状の進行が止まるが，翌春になって萎縮し奇形を示す。ところが，近年，暖地では冬でも発生がみられるという。なお，ハウスやトンネルでは湿度が高くなりやすいので冬でも多発する。

2 | 伝染環

①第一次伝染

本病の病原菌は，卵胞子が種子表面に存在し，それらの種子によって種子伝染する。これが第一次伝染で，はじめは子葉が発病する。その後は本葉にも病斑を形成し，病葉に形成された分生子によって第二次伝染が行なわれる。

②侵入方法と分生子形成

卵胞子，分生子の発芽適温は 3 ～ 24℃ で，ともに水滴中で発芽管を出して発芽する。発芽管は伸長して，気孔や表皮細胞の縫合部から葉の組織中に侵入する。侵入後は，細胞間隙に蔓延，伸長して，糸状に分岐した吸器を細胞内に挿入して栄養分を吸収しながら増殖する。そのため，葉の表面に淡黄色で境界の不明瞭な病斑を形成する。

菌糸が組織内に蔓延，増殖すると，やがて気孔から 1 ～数本の分生子梗を抽出して，その先端に無色～灰色，短楕円形～球形，表面が平滑で乳頭突起のない分生子を形成する。分生子の形成は 10 ～ 20℃ が適温である。

③第二次伝染

葉の表面に形成された病斑の気孔から抽出した分生子梗の先端に形成された分生子が，周囲に分散し，葉に付着したのちに水滴があると発芽管を出して発芽し，気孔や表皮細胞の縫合部から組織内に侵入し，菌糸は細胞間隙を蔓延，伸長する。蔓延しながら細胞内に吸器を挿入して栄養分を吸収してさらに増殖すると，気孔から分生子梗を抽出してその先端に分生子を多数形成し，伝染をくり返す。

病斑が異なる交配型の菌系によって形成された場合は，病斑の組織内に卵胞子が形成される。この卵胞子はきびしい環境にも耐える性質が強い。また，抽苔したホウレンソウの花器に異なる交配型の菌糸が存在すると，受粉して結実した種子表面に卵胞子が形成されて，種子伝染源になる。

3 | 発病の生態

①初期発病

本病の発病適温は 15℃ であるが，平均気温が 8 ～ 18℃

で，曇天，降雨がつづく多湿時に発生が多い。分生子は 7 ～ 15℃ で最も形成されやすく，最高でも 20℃ で形成される。その発芽は 3 ～ 24℃ で行なわれ，最適温度は 8 ～ 10℃ で比較的低温を好む。

種子伝染による発病は，はじめ子葉にみられるが，本葉のようにはっきりした病斑がみられず，緑色がわずかに淡黄色になる程度で，よく観察しないとみのがす。しかし，多湿条件では，子葉の表，裏面に分生子が多数形成される。

②周囲への伝染

病斑部に形成された分生子が周囲に飛散してホウレンソウの葉に付着し，水滴があると発芽管を出して発芽し，気孔や細胞縫合部から侵入する。侵入した菌糸は組織内で増殖し，蔓延すると気孔から分生子梗を抽出して，その先端に分生子を形成し飛散させる。これをくり返しながら次々と伝染する。

4 | 伝染環の遮断と防除法

①種子伝染の防止

採種畑で本病の病斑が，異なる交配型の病原菌に由来している場合，そこで採種されると，種子に卵胞子が形成されて種子伝染するが，70℃ 前後で種子を乾熱処理すると，高い消毒効果がみこまれる。種子消毒の適用薬剤はない。

また，発芽後の子葉が淡黄色に変色しているか否かをよく観察して，そのような株は早めに抜き取って焼却する。抜き取った株が畝間に放置されると，子葉に形成された分生子が伝染源になるので必ず焼却する。

②栽培管理

本病は多湿条件で多発するので，畑の排水，通風，採光をよくして多湿を防ぐ。

密植による株間の過湿を防ぐために，播種量は 3 ℓ /10 a くらいの量とする。

小型トンネル栽培では，ポリマルチを行なうと発病が軽減されて，生育が促進される傾向がある。不織布のべたがけ栽培は，生育が促進されるがべと病が多発するので，ポリマルチを必ず併用するとともに，生育後半にはべたがけを早めに除去して，通風を良好にして除湿をはかる。

③抵抗性品種の利用

本病菌にはいくつかの系統のレースが確認されているので，ある畑で発病した場合，そのレースに抵抗性のある品種を栽培すると発病を回避できる。しかし，同じ抵抗性品種を長年つづけて栽培すると，その品種に病原性のあるレースが出現してくる可能性がある。これは，その畑での新しいレースの出現であるから，同じ畑に同じ抵抗性品種を長年連作することを避けて，他の作物との輪作を行なうように心がける。

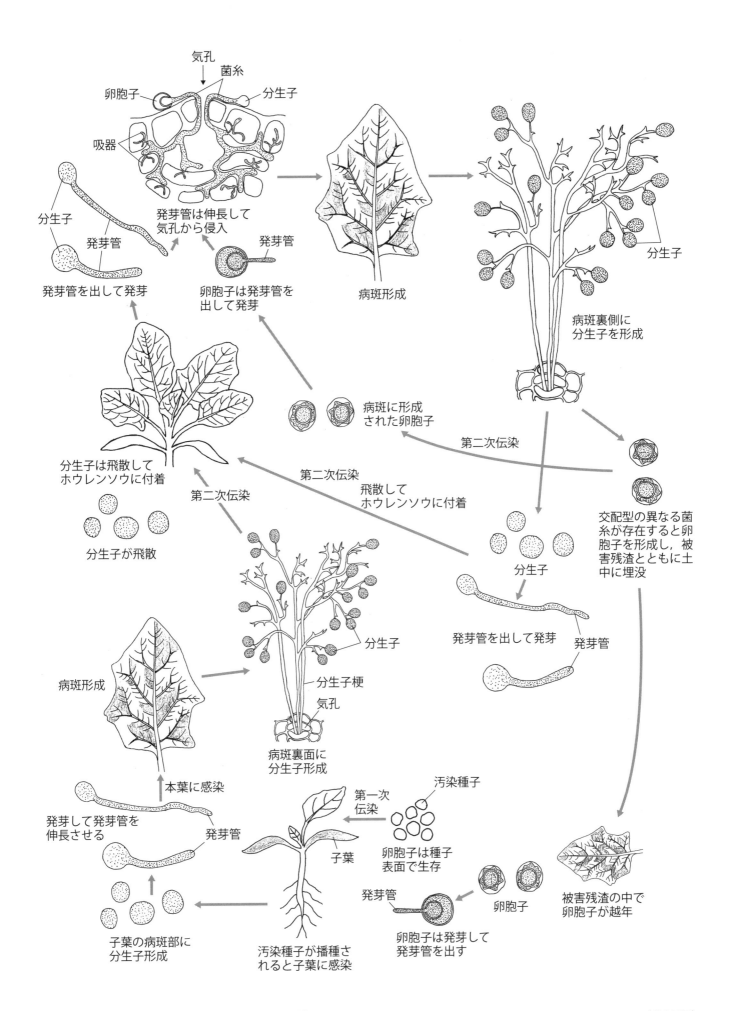

第18図 べと病の伝染環（ホウレンソウべと病） （米山原図）

菌類病

19 疫病 （ピーマン疫病 – *Phytophthora* 属菌）

1｜病徴

幼苗期には地ぎわ部の茎，あるいは根が暗褐色に腐敗して，進行するとその表面にうっすらとしたカビを生じる。

本圃では，地ぎわ部の茎の基部が暗褐色になり，進行すると軟化し，その後，根は褐変腐敗して，ひどい場合は枯れる。発生が激しいと茎に暗褐色の病斑をつくって，多湿時には病斑上に白いカビを生じるようになる。葉では，まず暗緑色水浸状の大型の病斑をつくって，その表面にうっすらと白色のカビを生じて落葉しやすくなる。果実は軟化変色して腐敗する。排水不良の畑や，浸水すると激発する。

2｜伝染環

①第一次伝染

本病の病原菌は，残渣として畑の土壌中に埋没した被害組織中に形成した卵胞子や菌糸の形で越年する。菌糸は長くは生存しないが，卵胞子は耐久体であって，土壌中での生存期間は2～3年から数年といわれている。越年した卵胞子は，適温と水分を得ると遊走子のうを形成し，これから生じる遊走子によって第一次伝染する。

菌糸は10～31℃で生育するが，28～30℃が最適温度で，遊走子のうの間接発芽の適温は25℃付近である。本菌は発病した病斑部分に菌糸を蔓延，伸長させると，造卵器，造精器を形成して受精を行なって卵胞子を形成する。卵胞子は発芽すると，その先端に遊走子のうを形成する。

本菌は乳頭突起が顕著であり，水を得ると乳頭突起部が開口して，遊走子が放出される間接発芽を行なう。その好適温度は22～26℃で，8～40個前後の遊走子が1個ずつ連続的に放出される。

これとは別に遊走子のうが，遊走子を放出しないで，直接発芽管を生じて発芽することもある。この直接発芽による発芽管は，乳頭突起部分ではなく，遊走子のうのあらゆる部分から1～数本生じ，20～34℃の間で行なわれる。しかし，発芽管は宿主体に直接侵入することはなく，発芽管が伸長した菌糸の先端に第二次遊走子のうを形成する。

この直接発芽は環境のさまざまな要因に対して耐性が比較的強く，発芽阻害を受けることが少ない。しかし，遊走子を放出する間接発芽は，環境要因に影響されやすい。

間接発芽によって放出された遊走子は2本の鞭毛をもち，水中を活発に遊泳して宿主体に到達するが，ナス科，ウリ科作物の根に強い走性をもっている。

宿主体に到達，付着するとやがて鞭毛を消失して，直径平均10μmの被のう胞子になる。28～32℃前後で被のう胞子は良好な発芽を行ない，その80～90%前後の発芽管の先端に長径14mm，短径8μmの小さい卵形の小遊走子のう（第二次遊走子）が形成される。

これから1個の遊走子が放出され，2本の鞭毛をもって水中を遊泳し，やがて宿主の表皮上で鞭毛を消失して被のう化してから1～2時間後には，発芽管を伸長させて発芽する。その好適温度は20～32℃である。24℃前後で発芽管の先端部分がややくさび型に膨らみ，付着器を形成し，それから伸長した菌糸が表皮細胞から組織内に侵入する。本菌の厚壁胞子の形成は認められていない。

②第二次伝染

葉，茎あるいは果実などの組織内に蔓延，増殖した菌糸は，やがて造卵器，造精器をつくり，卵胞子を形成する。葉に侵入した菌糸は気孔付近に達すると，1～数本の分生子柄を気孔から抽出させ，その先端に遊走子のうを形成する。これ以外の病斑部でも遊走子のうは多数形成される。

これらが成熟して放出した遊走子が水中を遊泳して宿主の根部や地ぎわ部に到達し，発芽して発芽管を伸長させて第二次伝染する。侵入後は再び病斑部の気孔組織内に遊走子のうを多数形成して，第二次伝染がくり返される。

3｜発病の生態

本病は露地では，気温が高く降雨が多い梅雨後期や9～10月に発生が多い。施設栽培では定植直後から発生する。排水不良であったり，雨水がハウスに流入したりして，土壌水分が多く，地温が15～16℃以上になると，いつでも発生し，25℃以上で激しく発病する。このほか，一時的に集中豪雨などでハウス内が浸水すると，全株が発病する例もあるほど激発しやすい。

発病した病斑部分に遊走子のうを容易に形成して，それから間接発芽によって放出された遊走子が，水中を遊泳して他の株に到達して，次々と第二次伝染をくり返す。

4｜伝染環の遮断と防除法

①栽培管理

発病株は根まわりの土とともに抜き取るが，畑の周辺に野積みにすると，病斑部分に形成された遊走子が遊泳して伝染源になるので，必ず焼却する。また，発病した被害組織内に卵胞子が形成されるので，栽培終了後は被害残渣をきれいに取り除いて焼却する。

本菌はナス科にとくに病原性が強いので，インゲンマメ以外のマメ科，アブラナ科などと輪作するように心がける。

本病は土壌水分が多いと発病しやすいので，発病地では畑の排水を良好にし，高畦栽培を行なう。

②薬剤処理

有効薬剤をあらかじめ土壌混和処理しておく。あるいは，適用薬剤を散布するが，耐性菌発現のおそれがあるので，作用性の異なる薬剤を交互に散布するように心がける。

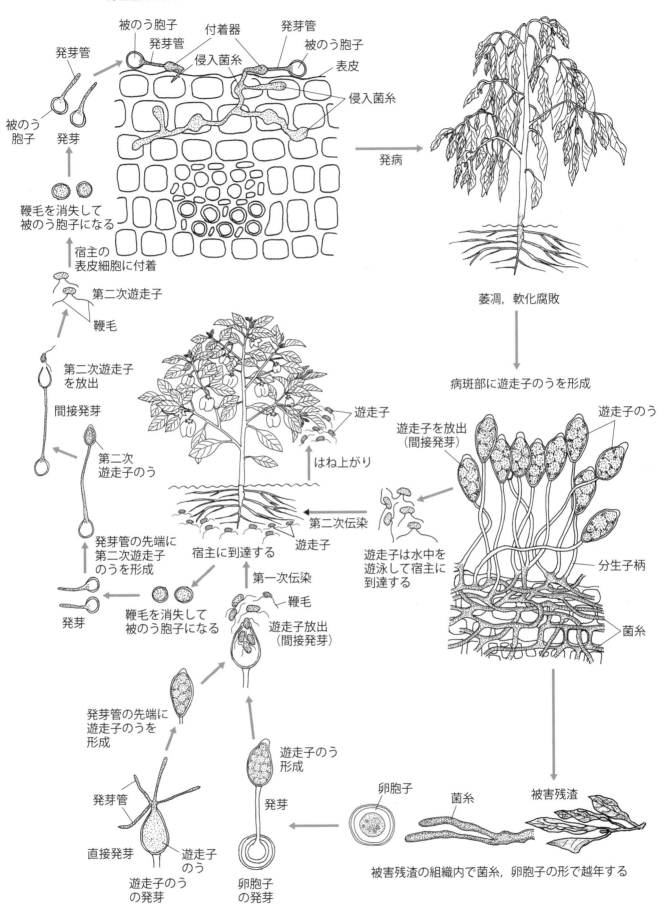

第19図 疫病の伝染環（ピーマン疫病） （米山原図）

19-疫病 43

菌類病

⑳ ピシウム腐敗病 （ショウガ根茎腐敗病 – *Pythium* 属菌）

1 病徴

葉鞘，幼芽，根茎，根などを侵す。葉鞘の地ぎわ部や幼芽に水浸状の病斑を生じて，軟化腐敗し，地上部は黄褐色になって倒伏，あるいは立ち枯れる。腐敗はしだいに地下部に進展し，根茎は水浸状ないしアメ色になって腐敗する。湿潤な条件では被害部の表面に白色綿状のカビを生じる。

2 伝染環

①第一次伝染

病原菌*Pythium*（ピシウム）は，土壌中で長期間生存するといわれているが，ショウガの栽培終了後には土壌中の菌密度は急激に低下する。4～5年の輪作畑からしばしば本菌が分離されるが，6年以上の輪作畑からは分離されないので，5～6年以上は生存しないと考えられる。

土壌中の分布は表層部に限られていて，深さ5～10cmに多く，15cm以上になると，ほとんどみられなくなる。また，酸性より中性，アルカリ性土壌を好むようである。

栽培終了後に残った根の組織内に存在する卵胞子は，生存器官として優れているが，菌糸は膜が薄く土壌中での生存には不適当である。また，膜の薄い遊走子も乾燥に耐性がないので，土壌中での生存には適さないようである。

一方，本菌は，本病に感染したまま貯蔵されているショウガの組織中で，菌糸，胞子のう，卵胞子などの形で生存するので，汚染された種ショウガが第一次伝染源として，最も重要な役割をはたしている。

このように，本病が発生したショウガ畑の栽培終了後の土壌では本菌は急速に減少する。しかし，被害残渣や，洗い場でのくずショウガ，感染した茎などの廃棄物の捨て場，洗い場の水から，本菌が菌糸や胞子のうの形で検出されるので，これらの場所から周辺の畑に本菌が拡散，流出して第一次伝染源になる可能性は高い。

本菌の菌糸は8～9℃から41～43℃で生育し，最適温度は32～35℃と，高温性である。

汚染された種ショウガの植え付けによる第一次伝染が主体であるが，土壌中に生存していた菌による第一次伝染も行なわれる。土壌中に埋没した被害残渣の組織中の卵胞子は，ショウガが植え付けられた後に土壌水分が過多になったり，地温が20℃前後になるなどの好条件になると，発芽管による直接発芽を行ない，その先端に球状胞子のうを形成し，成熟すると遊走子を放出して，次々と伝染する。

②第二次伝染

汚染した種ショウガは植え付け後に腐敗がさらにすすみ，その種ショウガから生育した葉にも病徴がみられるようになる。

発病した部分の組織内には，本菌の菌糸が縦横に蔓延，繁殖しており，さらに卵胞子，膨状胞子のうが形成されるようになる。やがてこれらが発芽して遊走子が放出されると，遊走子は降雨などによって土粒とともに跳ね上げられて，近隣のショウガに飛散し，水中を遊泳して健全なショウガの葉鞘や根茎，根に到達する。

そこで鞭毛を消失して被のう化した後，菌糸を伸長させて表皮組織の細胞縫合部や気孔，傷口などから侵入し，第二次伝染を行なう。

3 発病の生態

①初期発病

ショウガの根茎腐敗病は，27～37℃ではなはだしい。40℃でもかなり腐敗する。20℃以下の低温では腐敗の進行は遅く，8～9℃付近が腐敗の限界である。

そのため，7～8月の高温で土壌水分が多いときに発病しやすい。また，排水不良や水が停滞する場所や畑で発生しやすく，傾斜地では下方部分で多発する傾向がある。

②周囲への伝染

第一次伝染により発病した組織内に形成された膨状胞子のうが発芽して放出された遊走子が，健全なショウガの根，根茎あるいは葉鞘に到達し，被のう化して伸長した菌糸が表皮細胞の縫合部から侵入して周囲に伝染する。

③貯蔵中の発病

ショウガの貯蔵中にも発病する。貯蔵適温の13～15℃では腐敗の進行が鈍るものの，汚染したショウガの腐敗が進行する可能性がある。

4 伝染環の遮断と防除法

①圃場衛生

本病病原菌の土壌中の菌密度は，ショウガの作付け終了後には急速に減少するが，発病株は根まわりの土壌とともに抜き取り焼却する。

本病は土壌水分過多が発病を助長するので，畑の排水をはかり，降雨による周辺からの病原菌に汚染された土壌の流入を防止する。ハウス栽培では土壌水分が過湿にならないように留意する。

②種ショウガ

本病の第一次伝染源として最重要なのは，汚染された種ショウガの植え付けであるから，健全な種ショウガを用いなくてはならない。種ショウガ畑の生育初期における立毛中の茎，葉の黄変と発病（立枯れ）の有無を確認すれば，種ショウガの発病の有無などがわかりやすい。

種ショウガの入手後は，根茎の一部が腐敗しているもの，分別したとき変色しているものなど，発病腐敗の有無を十分に調べて，健全な種ショウガを用いる。種ショウガの消毒も，腐敗や変色しているものを除去してから行なう。

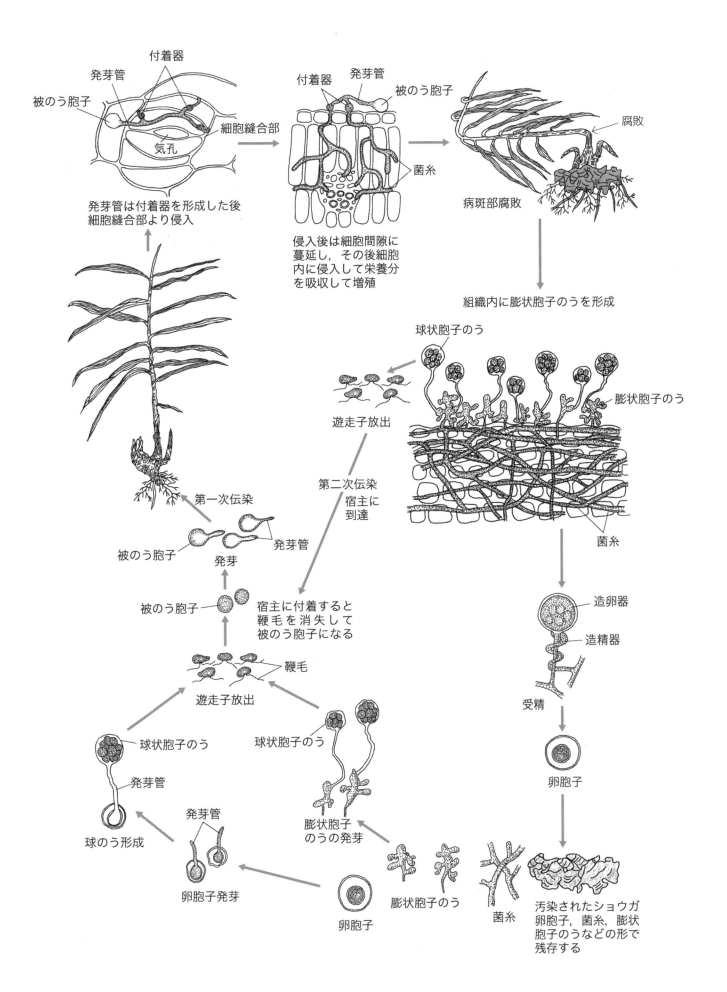

第20図 ピシウム腐敗病の伝染環（ショウガ根茎腐敗病）　　　（米山原図）

20-ピシウム腐敗病

菌 類 病

21 うどんこ病 （イチゴうどんこ病 – *Podosphaera* 属菌）

1│病徴

葉，果梗，果実などイチゴの各部分が，うどん粉をふりかけたようになる。はじめは，うどん粉のようなカビが，イチゴの葉の表面だけでなく裏面にも広がって白くなり，さらに果梗やランナー，果実などイチゴのすべての部分がうどん粉をふりかけたようになる。

うどんこ病が多発すると，葉が上向きに巻き込んで生育が遅れる。また，葉や茎が奇形になったり，ひどいときには黄化して枯れる。イチゴの着色期に多発すると，幼果の肥大が遅れて，肥大してきた果実では赤色の着色が遅れるなどして，品質が低下する。

2│伝染環

①第一次伝染

うどんこ病は一般的に，発病した病斑部に閉子のう殻を形成したまま越冬して，翌年の第一次伝染源になる。閉子のう殻の形成は，病斑の表皮上に蔓延した菌糸から別々に生じた二つの分岐が接触して，それぞれが造のう器と造精器に発達して受精し，細胞と核の分裂を幾度かくり返して，やがて閉子のう殻を形成する。これ以外の伝染源としては，本菌は絶対寄生菌であるため，ハウス内などで発病したイチゴの病斑部に形成された分生子が，そのまま越冬して第一次伝染源になる場合が多い。

分生子は，空気中を飛散してイチゴに付着すると，多湿から相対湿度37％前後の条件で発芽する。その後，付着器を形成し，菌糸を宿主体の表皮組織上に伸長，蔓延させるとともに，表皮細胞に挿入して吸器を形成し，細胞から栄養分を吸収してさらに菌糸を伸長させる。

宿主の表面に菌糸を伸長，蔓延させて本病の特徴的な病斑を形成するが，その菌糸から分生子柄を形成して，先端に分生子をくさり状に生じる。分生子は無色，類球形ないしは楕円形か長楕円形で，フィブロシン体を含んでいる。

②第二次伝染

宿主体表面に伸長，蔓延した菌糸に分生子柄をつくり，その先に形成された分生子が空気中に飛散し，新たな宿主に付着して第二次伝染する。分生子の発芽から侵入経過は，第一次伝染と同様に行なわれる。分生子は宿主体上で発芽したのち，菌糸を伸長，蔓延させ，再び分生子を形成するまでには，5日間ぐらいを要するようである。

分生子は，湿度の低い日中によく飛散し，ハウス内では株元30cmまでに集中していて，80cmをこえて飛散することは少なく，湿度が高まる日没後にはほとんど飛散しない。

本菌は気温が上昇する盛夏期には蔓延が抑制されるが，気温が低下する秋季には再び伸長，蔓延し，さらに第二次伝染をくり返す。

3│発病の生態

①初期発病

本病は厳寒期，盛夏以外はほぼ周年発病する。ハウスなどによる促成栽培では定植前の育苗期から発病がみられるが，9月上中旬ごろに定植されると，その1カ月後から発病が多くなる。また，4月から収穫末期の5～6月に多発する。これとは別に露地では5月下旬から梅雨明けまでに激しく発病する。本病は一般的には，春季は葉に，秋季は果実に発病が多い傾向があるが，多発した状態では葉，果実とも激しく発病する。

発病の適温は20℃前後で，25℃をこえると発病がゆるやかになり，30℃以上では感染せず，35℃以上では菌糸の生長が抑制され，菌叢の再生が不能になる。本菌は低温に耐性が強く0℃でも死滅しないが，絶対寄生菌なので，宿主作物が低温によって枯死すればそれとともに死滅する。

うどんこ病は一般的に乾燥条件で発生しやすいとされているが，相対湿度が18％や37％のかなりの乾燥状態から100％の多湿状態まで発病するので，イチゴの葉上ではかなりの広い範囲の湿度条件下で発病する。

②周囲への伝染

本病はイチゴの葉，果実，果梗の表面に形成された分生子が周囲に飛散したり，昆虫によって伝搬されて，健全なイチゴに付着して第二次伝染する。

4│伝染環の遮断と防除法

①圃場衛生

本病病原菌は病斑上で閉子のう殻を形成して越年し，第一次伝染源になるので，栽培終了後は発病株を抜き取り，焼却するか土中深く（1m以上）埋める。もちろん，発病株の葉などの残渣を畑に残さないように集めて焼却する。

また，発病株をランナー採取のための親株として用いてはならない。病斑部に閉子のう殻が形成されている可能性があり，これが第一次伝染源になってランナーに感染すると，そのランナーが本畑での最も近い伝染源になって，多発生の原因になるからである。

②薬剤防除

葉の表皮細胞上に付着している本病病原菌の活動を抑制する能力をもった細菌が製剤化されている。この製剤を夕方散布して，イチゴの葉の表皮細胞に定着させることで，うどんこ病菌の活動を抑制させるというものである。

このほか，本病に対する適用薬剤を用いて，定植前の苗を防除しておく。また，くん煙剤の処理によって，ハウス内に飛散している病原菌の分生子を処理しておくことも有効である。薬剤散布は薬剤抵抗性の有無に注意して，作用性の異なる薬剤との交互散布が望ましい。

46

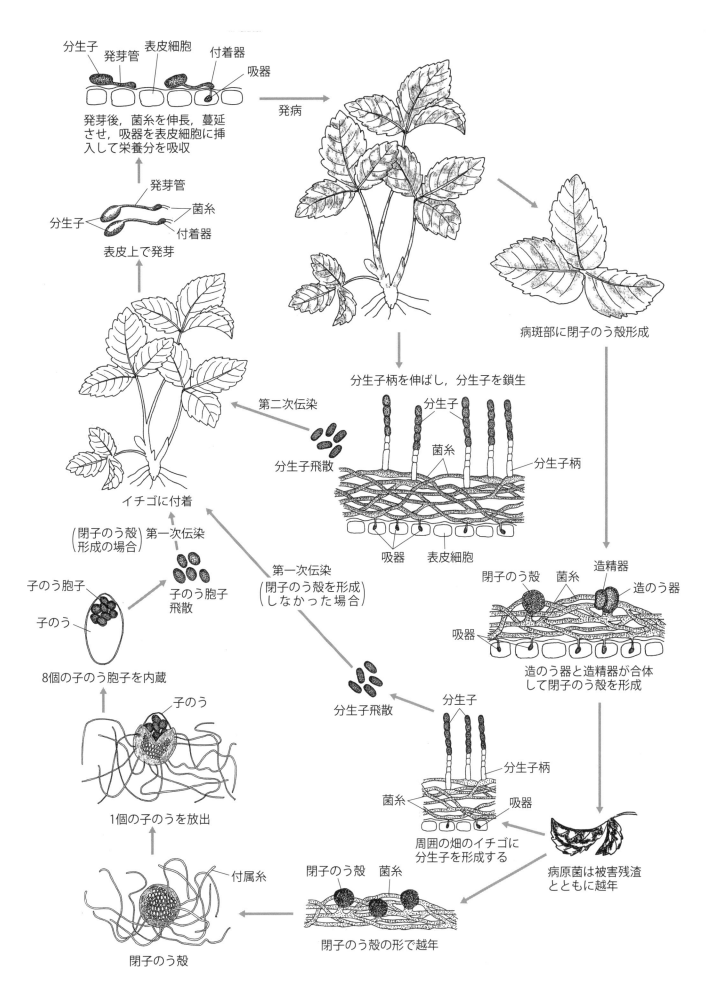

第21図 うどんこ病の伝染環（イチゴうどんこ病） （米山原図）

菌類病

22 黒点根腐病 （メロン黒点根腐病 – *Monosporascus* 属菌）

1 病徴

病原菌はおもに根部を加害して，10～38℃でよく生育し，とくに28℃前後で生育が旺盛になる。根が加害されるので，株全体の生育が不良になる。発病したメロンの根は黄化し，ついには枯死する。根が加害されるので養分，水分が不十分になって，しだいに葉が黄化して萎れる。

交配から2～3週間後ごろに症状がひどくなる。発病株は日中に萎れ，夜間には回復するなどの症状をくり返し，ついには葉色が黄化して，株は枯死する。根の全体が水浸状になって褐変し，そのうち細根のほとんどが消失する。根の褐変した部分に小黒点の粒がみられるようになるが，これは病原菌の子のう殻である。

本病は東北から九州までのハウスメロンで発生しているが，根に小黒色の粒があるかどうかで他の病害（同じ根が褐変腐敗する根腐萎ちょう病など）と比較，識別する目安になっていて，診断にとって重要である。

2 伝染環

①第一次伝染

本病の病原菌は寄生したメロンの根に子のう殻を形成して越年し，翌年の第一次伝染源になる。

発病した根に子のう殻を形成したまま，残渣として土壌に混入した発病畑の土壌を室内に5年間保存して，その土壌にメロンを植えると発病した。このことは，根に形成された子のう殻から放出された子のう胞子によって発病したと考えられる。この子のう胞子は発芽しにくく，土壌中に長期間生存して第一次伝染源になる。

本病の病原菌は土壌中で根部に侵入，感染してメロンを発病させる。菌糸は地ぎわ部から10cm以内の茎にまで蔓延するが，それより上方の茎や着果側枝には進展しないようで，これらの部分や種子から本菌は分離されない。したがって，種子伝染は行なわれないようである。

本菌に対して，ほとんどのウリ科作物は感受性が高く，発病がみられるが，キュウリの台木であるカボチャの「黒種」「新土佐1号」「ジャスト」は抵抗性が強い。

②第二次伝染

本病は発病した根に子のう殻を形成する以外，分生子の形成が認められていないので，分生子の飛散による第二次伝染は行なわれないとみてよい。感染した根に形成された子のう殻が生長すると，内部の子のう胞子が放出され，それが第二次伝染になる。

なお，発病畑を耕起したトラクターなどに，土壌を付着させたまま無病地の畑を耕起すると，発病畑で付着した土壌中の病原菌の子のう殻や子のう胞子がもち込まれて，第一次伝染源になる可能性が高い。

3 発病の生態

発病畑では定植後の交配期に，地ぎわ部に水浸状の褐変が認められ，果実が肥大するにつれて根の褐変が広がる。

本病はメロンの栽培期間中の地温が高くなる春～夏作，または夏～秋作のビニールハウスや，温室栽培で発生しやすい。すなわち，7～10月の夏季のハウス栽培が発病にとって好条件で，発病は地温が25～30℃と高い場合に激しく，また早く発病する。

メロンの生育中の萎れ症状は，果実が肥大し，ネット形成がほぼ完了したころ（定植30～40日後）から急激に現われるのが特徴である。本病の感染は，定植後から交配期までの3週間くらいまでのあいだに行なわれ，果実の肥大とともに根の褐変が急激に進行して萎れ，萎れはじめるころに感染した細い根に子のう殻が形成される。

本病は地温25～30℃の高温で発生が早く，しかも激しいが，20℃以下の低温では比較的発病が少ない。これらとともに着果と大きく関係し，着果した株で萎れが激しく，着果数が多いとそれがさらに激しい。着果しない株では萎れはおこらない。

4 伝染環の遮断と防除法

①圃場衛生

発病株は根まわりの土とともに抜き取り焼却する。根に形成された子のう殻が翌年の第一次伝染源になるためであり，土壌中の病原菌の密度を低下させることにもなる。

②栽培管理

発病した畑では，ウリ科野菜の連作を避けることも重要である。地温が高いと発病が助長されるので，生育期には黒色のポリマルチなどを行なって，地温の上昇を極力おさえる。

品質上の問題で実用化されないようであるが，カボチャ台木を用いると，発病は確実に回避されるので，カボチャ台木を使用するように努める。

1株に果実を数個着果させる栽培型では，着果数を制限することで，発病の軽減をはかる。

③熱水と太陽熱利用による土壌消毒

本菌の死滅温度条件は，菌糸は50℃で30分間，55℃で3分間であり，子のう胞子は55℃で約10分間，50℃で約10日間の温湯処理を要し，45℃で約15日間の温湯処理では死滅しないとされている。本菌は比較的，高温を好んでメロンを発病させているので，夏季のハウス密閉による太陽熱利用の土壌消毒が有効と考えられる。しかし，夏季1カ月間くらいのハウス密閉では，深さ30～40cmの地温が所定の温度に達しないことに注意しなければならない。

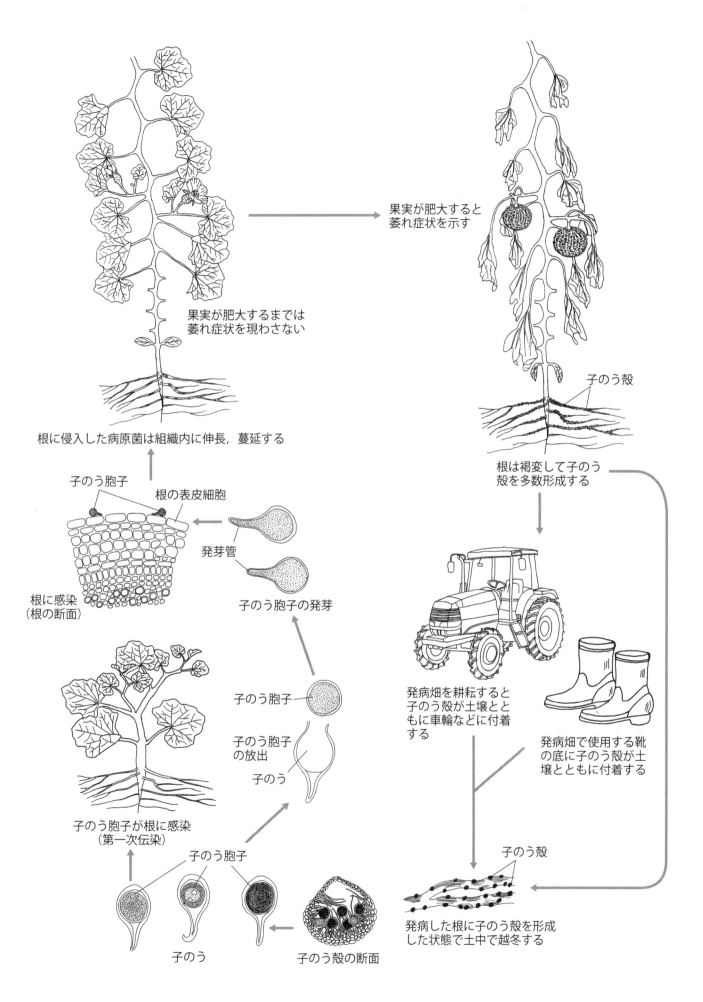

第22図 黒点根腐病の伝染環（メロン黒点根腐病） （米山原図）

22-黒点根腐病 49

菌類病

23 菌核病 （キュウリ菌核病 – *Sclerotinia* 属菌）

1│病徴

花，葉，果実を侵す。葉では灰色から淡褐色の大型の病斑をつくる。茎では節の部分などが水浸状になり，軟化して，そこが白色で綿状の菌糸で覆われて腐敗する。花弁が侵されると褐変腐敗して萎れる。幼果が発病すると早期に腐敗，落花する。落ちた罹病花弁が茎，葉，さらに果実などに付着するとその部分に褐色，不整形の病斑を形成する。

病斑部は，表面が白色綿毛状のカビで覆われ，のちに黒色で，ネズミの糞状の菌核を形成する。

茎が侵されると，そこから上方の茎や葉が萎れて，やがて枯れる。

2│伝染環

①第一次伝染

本病の病原菌は，発病した被害部分にネズミの糞状をした黒色不整形の比較的大型（1cm）の菌核を形成し，残渣として土壌中に混入した被害部の組織とともに，土中に埋没して越夏または越冬する。土中で越夏，越冬した菌核は，その年の秋か翌年の初春に子のう盤が地上部に形成され，子のう胞子が飛散して第一次伝染する。

本病は，露地栽培のキュウリではほとんど発病しないが，ハウス栽培では11 〜 12月ごろと1 〜 3月上旬ごろにかけて発病する。すなわち秋〜冬，晩冬〜初春に，ハウス内の土壌に埋没していた菌核から子のう盤が形成され，そこから子のう胞子が飛散して第一次伝染するのである。

キュウリに付着した子のう胞子が茎や葉に侵入，感染して，白色で綿毛状の菌糸をのばして腐敗させ，そこに大きな病斑を形成する。その後，病斑部に黒色で大小のネズミの糞状の菌核を形成する。

②病原菌の経過

菌核は伝染源として大きな役割をはたし，地表面近くで2年間くらい生存するが，湿地または地下10cm以内の土壌中では1年以内か，翌春までには死滅する。また，室内の乾燥状態で7年間生存したとの報告があり，土壌中の乾燥条件下で数年間生存するとされている。しかし湛水条件下ではすみやかに死滅し，水田状態では1カ月以内に死滅する。

本病の第一次伝染は，前述したように菌核から子のう盤が形成されることから始まる。その時期は北日本と西南暖地という地域差があり，あるいは露地と施設，そのときの作型などでちがう。越夏した菌核は11 〜 12月，越冬した菌核はハウスでは1 〜 3月，露地では4 〜 6月に，子のう盤を形成するようになる。

子のう盤は，地表面あるいは地下1 〜 3cmに埋没した菌核からは形成されるが，5 〜 7cmに埋没した菌核からは形

成されないとされている。なお，湿地や地下10cm以下の深さでは，翌春または1年以内に死滅する。

菌核は休眠しないと子のう盤を形成しない。休眠期間の長短は，期間中の温度条件や個体による差が大きく影響するが，通常20℃で3 〜 4カ月間経過すれば，子のう盤をよく形成する。

菌核から子のう盤が形成されるには，菌核の内部に子のう盤柄原基が髄組織中で分化し，これが四つのステージを経て，子のう盤柄が菌核表面から抽出（発芽）する。子のう盤柄の先端には子のう盤が形成され，その中に子のうを形成する。子のうはこん棒状で，内部に8個の子のう胞子を内蔵している。子のう胞子は無色，単胞，楕円形で，発芽温度は18 〜 20℃前後である。

菌核から子のう盤が形成されるのは秋と春で，ともに2カ月間くらいで形成され，発病は初発生から約2カ月前後すると終息するとみてよい。

③第二次伝染

茎に褐色で大型の病斑を形成して腐敗させ，のちにそこにネズミの糞状の黒色の菌核をつくる。しかし，菌核は休眠しないと子のう盤を形成しないので，病斑上に形成された菌核からの子のう胞子による第二次感染は行なわれない。発病部に繁殖した菌糸に茎や葉が直接触れると，第二次伝染が行なわれることもあるが，まれである。

通常は，前述のように，形成された黒色の菌核は冬を越し，翌春に発芽し他の植物に寄生する。

3│発病の生態

子のう盤から飛散してキュウリに付着した子のう胞子は，菌糸をのばしても，無傷で健全な組織からは侵入できない。一般的に咲き終わって衰弱した花弁に付着した子のう胞子が，多湿条件で発芽して花弁組織に侵入し，果実へと菌糸を伸長，蔓延させて果実を発病させる。

本病は15 〜 21℃の気温で，しかも多湿条件下でよく発病する。とくに15℃前後の低温で果実の生育が遅い場合に多発する傾向がある。

4│伝染環の遮断と防除法

病斑部分に形成された菌核が，被害部の残渣とともに土中に混入し，翌年の伝染源になるので，栽培終了後には茎葉など被害残渣，とくに被害部に形成された菌核をまとめて焼却するか土中深く（1m以上）埋める。

発病畑を夏に一時的に湛水状態にして土中の菌核を死滅させるのも一つの方法である。イネ科作物と輪作してもよい。ハウスでは，暖房機によって夜間のハウス内温度を高め，しかも湿度の低下をはかると発病が抑制される。咲き終わってしぼんだ花弁を取り除くと防除効果は高い。

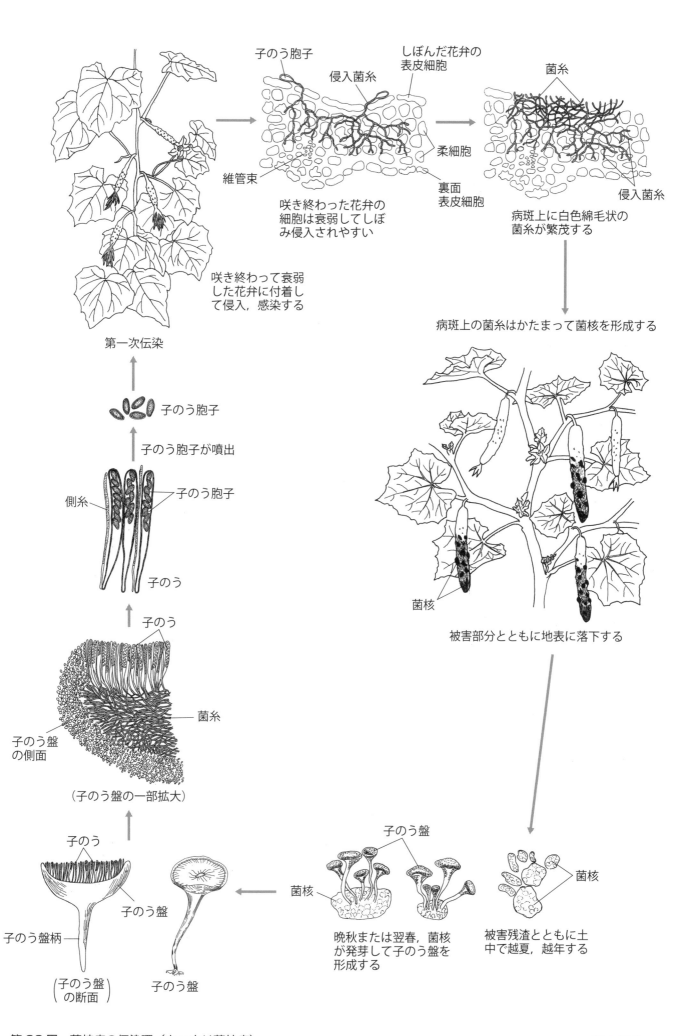

第23図 菌核病の伝染環（キュウリ菌核病） （米山原図）

菌 類 病

24 炭疽病 （イチゴ炭疽病 – *Glomerella* 属菌（完全時代））

1 | 病徴

おもに葉柄やランナー，根冠などを侵し，葉には汚斑状の病斑を形成する。全身症状としては株が萎れて枯れる。

葉柄の病斑は，やや軽く凹んだ細長い3～5mmほどの黒色，紡錘状で，これが拡大してランナーや葉柄をとりまくようになると先端部や葉が枯れる。クラウン部が侵されると，株が枯れる。この場合，クラウン部を切ると，外側から内部に向かってくさび型に褐変している。

炭疽病が発生している親株から採苗すると，葉柄に病斑が全くみえなくても，苗が罹病していて萎れて枯れる。

2 | 伝染環

①第一次伝染

病原菌（*Glomerella* 属菌（完全時代））は，発病，枯死した被害残渣の組織内に形成された子のう殻が第一次伝染源になる。子のう殻の形成は，組織内に蔓延した菌糸に生じた造のう器と造精器が合体受精したものが分裂し，そのうちの一つの細胞が子のう母細胞に分化したものによる。他の細胞は子のう殻の中で，子のうへと分化し，核分裂によって雌性と雄性をもった8個の子のう胞子になる。

子のう殻は，単独でも土壌中で長い期間（5年くらい）生存でき，気温や乾燥に強い耐性をもつ。土中で越年した子のう殻は，翌年気温が上昇して水分を含むようになると，組織が膨らみ，その圧力で子のう殻が裂開して子のうを放出する。子のうも空気湿度が高いと（80%前後と推定）破れて，中で成熟した子のう胞子が空気中に飛散する。これが健全な作物に付着して第一次伝染が行なわれる。

本菌の菌糸は25～30℃前後が生育適温である。健全な作物に付着した子のう胞子は多湿条件で発芽し，すぐに付着器を形成する。そして，付着器から菌糸をのばして表皮細胞を貫通して組織内に侵入する。侵入後は菌糸を組織内に伸長，蔓延させ，吸器を組織内に挿入して栄養分を吸収する。そのため，本菌が侵入・蔓延した部分を中心に作物の組織は陥没して，褐色の病斑を形成し，その中央部に鮭肉色の分生子層を多数形成する。

②第二次伝染

本病の第二次伝染は，発病した病斑上に形成された分生子層に生じた分生子によって行なわれる。

分生子層は輪紋状に一重ないし二重，三重に形成される。分生子層は，組織内に蔓延した菌糸が，比較的浅い皮層部に構造的に分化したもので，内壁に分生子柄がならぶ。この分生子柄の先端で分生子が次々と形成されて飛散する。

しかし，この分生子は比較的粘性が高く，風のみでは飛散せず，水滴や降雨が伴うことでよく飛散する。栽培期間中に本菌の生育適温（25～30℃が最適温度）が維持され

ることによって，第二次伝染がくり返されることになる。

なお，本菌は分生子時代が無性的に形成される不完全時代で，*Colletotrichum* 属に分類されている。

3 | 発病の生態

①初期発病

発病株の残渣や発病して放置されたままの株のクラウンやランナー，葉の組織にはすでに子のう殻が形成されている。このような状態で越冬した子のう殻や菌糸が，第一次伝染源になる。翌年，気温が20℃前後に達すると子のう殻が裂けて，子のうの内部で成熟した子のう胞子を飛散させる。子のう胞子が風雨によって健全なイチゴに付着し，感染，発病させ，黒色類円形の病斑を形成する。

これとは別に，イチゴの採苗株床で感染して保菌した苗によって発病する場合がある。定植する段階（9～10月）では，気温が低いので発病しない。しかし，その後（10月後半以降）ビニールを被覆し，ハウス内の温度が上昇してくると，感染して組織内に潜在していた菌糸が生長を始め発病する。次いで，その病斑上に分生子層が形成され，ハウス内の多湿環境を好条件にして，落下した水滴などによって分生子が飛散して伝染する。

これらの病斑は気温の上昇に伴って激しくなって，気温28℃以上になると枯死株が現われる。気温が高くなるほど急性の萎凋症状が発生しやすくなる。

②周囲への伝染

他の株への伝染は，第一次伝染で発病した病斑上に形成された分生子の飛散によって行なわれる。分生子は土壌水分が多く，高温で多湿条件のハウスに飛散して伝染をくり返すようになる。

4 | 伝染環の遮断と防除法

①圃場衛生

栽培終了後には，発病株は根部を含めて取り除き，さらに枯死株の葉，茎，ランナーなどを畑に残さないようにし，散乱した株などは土中深く（1m以上）埋めるか焼却する。

②栽培管理

できるだけ本病の抵抗性品種や比較的抵抗性のある品種を用いるようにする。しかし，これらの品種の栽培でも，各種の防除法と組み合わせなくてはならない。感受性品種を用いる場合は，採苗は無病の畑や土を用い，無病が確認できる親株から採苗する。

採苗床は排水を良好にし，ランナーが密植にならないように親株の株間を広くとる。また，多湿にならないように灌水をひかえめに行なったり，風通しをよくする。

仮植や定植時には，病徴の有無をよく観察して，健全株のみを植える。また，適用薬剤の散布で発病予防に努める。

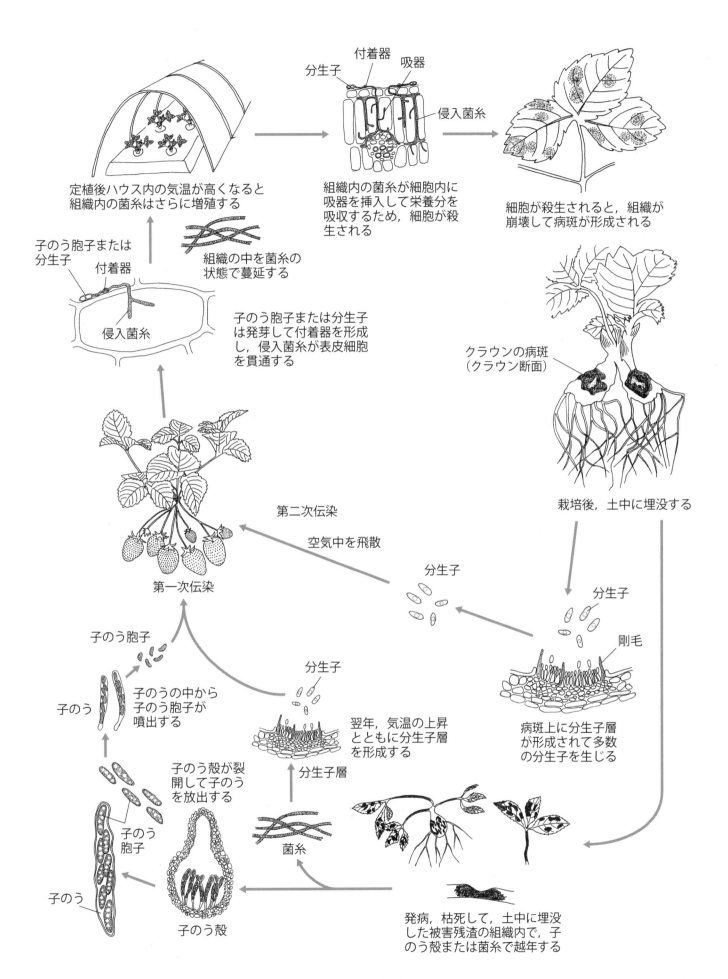

第24図 炭疽病（完全時代 Glomerella）の伝染環（イチゴ炭疽病） (米山原図)

24-炭疽病（イチゴ炭疽病）

菌 類 病

25 炭疽病 （キュウリ炭疽病 – *Colletotrichum* 属菌（不完全時代））

1｜病徴

畑の外周部など，風当たりの強い場所で葉や茎（つる），あるいは果実に発生する。

葉には淡褐色，円形の病斑を生じ，古くなると病斑部が破れやすくなり，とくに風当たりの強いときや場所では穴があくことがある。

つるには，円形～楕円形で，深く凹んだ灰色～銀白色の病斑を生じ，やがて黄褐色の病斑になる。その後，比較的風当たりの強いときに多発する。

多湿条件下では，どの部分の病斑にも鮭肉色の粘液が生じ，そこに形成された分生子が周囲に飛散して，第二次，第三次伝染する。

2｜伝染環

①第一次伝染

本菌（完全時代は子のう菌の *Glomerella* 属菌であるが，不完全時代の *Colletorichum* 属菌は子のう殻を形成しない）は，発病したつるが，支柱などの栽培資材に付着したままだったり，発病した枯死葉，茎，果実などが土壌中に埋没すると，病斑の組織内で菌糸などの形で越年する。

そして，翌年そこに形成された分生子層が成熟して分生子を生じ，気温の上昇とともに風雨によって空気中に飛散して第一次伝染する。

本菌は一般的には6～32℃で生育し，22～24℃の気温を好む。健全な作物に付着した分生子は，気温，湿度などの環境条件がそろうと作物の表皮上で発芽して，すぐに付着器を形成し，そこからさらに菌糸を伸長させて表皮細胞を貫通して，組織内に侵入する。その後，細胞内に吸器を挿入して栄養分を吸収しながら増殖し，さらに組織内に菌糸を蔓延させる。

そのために組織内が壊死し，作物の種類によって病徴は多少異なるが，キュウリでは病斑上に鮭肉色の分生子層をほぼ円形に点々と連続的に形成する。

②第二次伝染

第一次伝染で病斑上に形成された分生子層は，やがて成熟すると分生子を多数生じる。分生子はやや粘性をもっているため，風のみでは広範囲には飛散しないが，風をともなった雨によって広範囲に飛散して，第二次伝染する。

3｜発病の生態

①初期発病

土壌に埋没したり，支柱などに付着して越冬した被害残渣の組織中の菌糸は，気温の上昇とともに分生子層を形成する。分生子層には分生子が形成され，空気湿度が高く（80％前後以上と推定）なると，水滴によって空気中に飛散して感染，発病するようになる。本菌は15～30℃で生育し，

18～28℃で旺盛で，適温は24～26℃である。

分生子層は粘性が高いので，風をともなった降雨でまわりに飛散するので，降雨が多いと発病しやすいが，1回に多量に降る場合より，降雨の回数が多いと多発する傾向がある。したがって，雨に当たる露地栽培で多発生しやすいが，雨よけやハウス栽培では発生しない。6～7月ごろや8月末～9月ごろに降雨が多いと多発生する。排水不良地や窒素質肥料の多施用も発病を助長する。

②周囲への伝染

病斑上に形成された分生子層に生じた分生子が，風を伴った降雨によって飛散して周囲への伝染がくり返される。分生子の飛散以外には，ウリバエなどの害虫，あるいはニホンアマガエルによっても本菌が伝搬される。

4｜伝染環の遮断と防除法

①圃場衛生

前作で発病した株や，発病によって枯死した葉，つる，果実などに形成された分生子が第一次伝染源になるので，これらを栽培終了後にはていねいに取り除き，土中深く（1m以上）埋めるか焼却する。畑の端に野積みされている被害茎や葉をしばしばみかけるが，これは病原菌を増殖しているようなものなので，決して行なわない。また，発病株のつるが巻きついた支柱もきれいに掃除をしておく。

栽培中に本病が発病して病斑が形成された葉，茎や果実は摘除し，地中深く埋めるか焼却して病原菌の飛散を防止する。なお，分生子が降雨によって飛散しないよう，発病した作物を雨よけ栽培するとよい。

まわりに本病が発生した畑があれば，そこから病原菌の分生子などが飛散して，第二次伝染するので，適用薬剤をかけむらのないよう散布する。

②栽培管理

栽培にあたっては，畑の排水を良好にし，定植後にはとくに株元には敷わらを十分に行なう。稲わらは降雨で水分を含むと乾きにくく発病条件として好適になるので，麦わらやカヤなどを用いるとよい。

また，窒素質肥料の多施用をやめて適正な施肥量を守る。

③薬剤防除

栽培中に発病した葉などを摘除したあとに，適用薬剤を展着剤を加えて，かけむらのないようていねいに散布する。薬剤による防除は予防散布なので，降雨の前か後に散布する。通常は1週間おきに散布するが，多発状態でなく天候も安定していれば10日～2週間おきの散布でよい。散布された薬剤が乾けば，少しくらいの雨では流亡しないので，散布後の少量の降雨なら連続散布しなくてもよい。

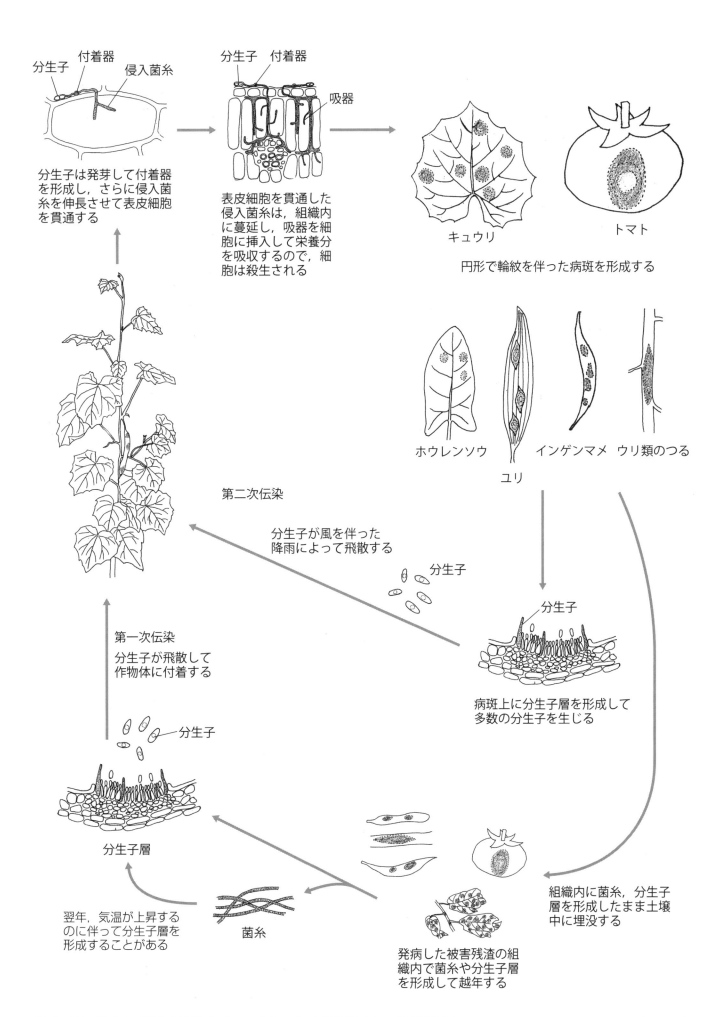

第25図 炭疽病（不完全時代 *Colletotrichum*）の伝染環（キュウリ炭疽病） （米山原図）

25-炭疽病（キュウリ炭疽病） 55

菌類病

㉖ そうか病 （ラッカセイそうか病 － *Sphaceloma* 属菌（不完全時代））

1│病徴

　展開しはじめた葉の裏側に水が浸みたような，淡褐色水浸状でやや凹んだ，径1～2mmくらいの微小斑点を生じ，やがてこの微小斑点は葉脈に沿って連なったようになる。すると葉が内側に巻き込むようになって委縮する。この小さな斑点が多く発生すると葉柄が外側に曲がり，小葉が内側に巻き込んでみえにくくなり，葉の先端から枯死することがある。

　発生がひどくなると結実が不良になったり，子実の充実が悪くなるので減収する。

2│伝染環

①第一次伝染

　Sphaceloma 属菌（不完全時代）によるラッカセイのそうか病は，発病した後，土壌中に混入した被害残渣の病斑部の組織内で，菌糸の形で残存して越冬する。そして，翌春気温の上昇とともに，この菌糸から発達した分生子層に分生子を形成して，それが空気中に飛散して第一次伝染源になる。また，地上部の葉などで発病したのちに，病原菌が地表面から土壌中に混入してラッカセイの莢に寄生し，その被害病斑部の組織内で越冬した菌糸も，同じように翌年分生子を形成して第一次伝染源になる。

　このようにして第一次伝染でラッカセイに付着した病原菌は，発芽して表皮細胞の縫合部から侵入する。侵入した病原菌は，ラッカセイの細胞間隙に菌糸を蔓延させ，さらに細胞内にも伸長して，組織内に菌糸を伸長，蔓延させて，細胞から栄養分を吸収しながら，生長をつづける。

　本菌の土壌中での生存条件は明らかではないが，菌糸は20℃前後で生育し，20～25℃が適温と考えられ，30℃をこえると著しく生育が劣る。pHは4～8で生育するが，最適pHは6.0付近である。

　Sphaceloma 属菌は不完全時代の属名で，完全時代は子のう菌に属する *Elsinoë* 属菌である。*Elsinoë* 属菌の子のう子座は，病斑部の表皮細胞中に形成され，これが被害組織とともに越冬し，翌春これに形成され成熟した子のう胞子が飛散して，第一次伝染源になるが，ラッカセイでは未確認である。

②種子伝染

　種子伝染については，成熟子実，未成熟子実などを用いて実験された結果，1.0～1.7％の伝染率で，未成熟子実による伝染率が最も高かった。しかし，未熟子実が実際栽培で用いられることはないので，子実による伝染が行なわれてもかなりの低率であるとみてよさそうである。

③第二次伝染

　本病の病原菌は発病部分に分生子層を形成するが，一定

の形はなく，はじめは表皮，クチクラ層の直下にマット状に生じ，のちに表皮を破って皿状ないしは盤状になって上面に露出し，分生子を飛散する。

　分生子は小型，大型の2種あるが，小型分生子は低温，多湿で胞子形成が助長され，とくに病斑上に水滴が付着すると非常に短時間で多量に形成され，これが第二次伝染する。大型分生子は比較的乾燥状態で形成されるが，感染における役割は不明である。

　この第二次伝染源の分生子の飛散および感染には，風雨が大きく影響する。また，25～30℃の条件で，室内で接種実験が行なわれた結果，接種3日後に病斑が形成され，本病の潜伏期間は3日前後である。

3│発病の生態

①初期発病

　本病は発病畑の連作で多発し，発芽後の幼苗のころからも発病する。本菌は土中に埋没した被害残渣の組織内で越冬して，翌年これら組織内から病原菌の分生子が飛散して第一次伝染する。

②周囲への伝染

　第一次伝染で発病した病斑部に分生子が形成され，気温20～25℃くらいで，多雨と強風によって空気中に飛散して，第二次伝染が行なわれる。

　一般的には7月中下旬ごろからの多雨で多く感染が行なわれ，9月上旬ごろまでつづき，8月中下旬ごろから急激に発病するようである。この時期が高温少雨の年には発病が停止するか，小発生にとどまる。

4│伝染環の遮断と防除法

①圃場衛生

　栽培終了後には，翌年の伝染源になる被害残渣を畑に残さず，集めて土中深く（1m以上）埋めるか焼却する。

②栽培管理

　発病した葉や茎などはなるべく早期に摘除し，発病のひどい株は抜き取り焼却する。発病畑では排水を良好にする。

　また，同一作物の連作を避け，他の作物との輪作を心がける。発病畑にゴボウを1作したのちのラッカセイ栽培では，9月中旬まで発病がみられなかった例がある。

　マルチ栽培すると生育初期の第一次伝染が回避され，畑全体の発病が少なく，収穫期の被害が軽減されたという試験成績がある。

③薬剤防除

　適用登録された薬剤散布が有効であり，ラッカセイでは7月下旬，8月上旬と下旬の3回の散布が実用的で効果が高い，という成績がある。

56

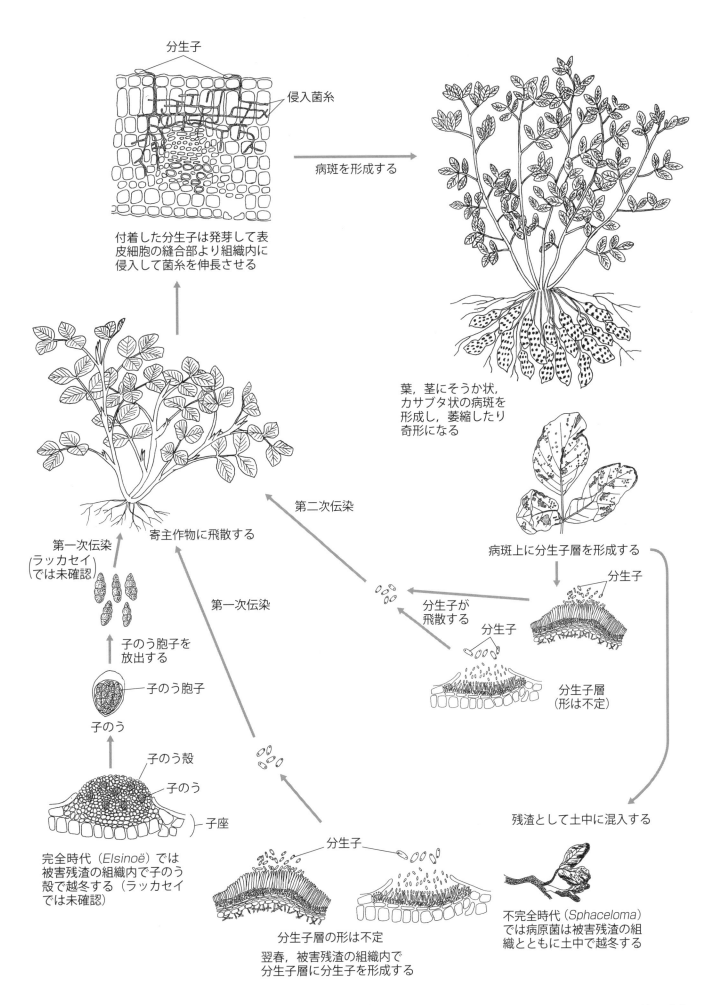

第26図 菌類によるそうか病の伝染環（ラッカセイそうか病） （米山原図）

26-そうか病

菌 類 病

27 すそ枯病 （レタスすそ枯病 – *Rhizoctonia* 属菌（不完全時代））

1 | 病徴

おもに定植後の株に発生し，はじめ株の外葉で土と接したようなところの葉柄が少し凹み，やや褐変する。やがて，この病斑は不整形に拡大する。その後，葉のほかの部分も少しずつ感染・発病して褐変部分が広がる。

病斑は葉柄から葉身へと進行し，さらに葉の先端部が萎れながら拡大し，ついには葉全体が枯れるとともに茎までもが褐変する。褐変腐敗した表面には，褐色で太い菌糸が網目状に伸長している。

本病は普通，結球期以後の発生が多く，外葉のみが枯れる程度でとどまる。しかし，発生が激しいときは結球部にも発病して，ひどくなると球全体が腐敗してネズミの糞状の黒色の菌核を生じることがある。また，まれではあるが，育苗期に苗が立ち枯れる被害もみられる。

2 | 伝染環

①第一次伝染

本病の病原菌は不完全時代の *Rhizoctonia* 属菌で，多くの作物に感染・発病して被害も大きく，植物の病原菌として重要である。本菌は栽培終了後に土中に埋没した被害残渣の表面に形成された菌核や，組織内で厚壁化した菌糸，あるいは土壌粒子の内外などで菌核，菌糸の状態で越冬する。

系統によって異なるが，越冬した菌核や厚壁化した菌糸は，10℃以上あるいは15℃以上になると発芽して，土壌中の腐食化した有機物に寄生して腐生生活を行なう。その後，宿主作物が栽培されると，その幼根，地ぎわ部の茎，あるいは葉などに寄生して第一次伝染する。

このほか，本菌を含む土壌が降雨，中耕，除草などによって宿主体に付着して伝搬され感染する。

本病の病原菌は比較的低温期や低温域で発病がみられ，発病の適温は20〜25℃前後である。

なお，本病原菌の完全時代（*Thanatephorus*）は，野外でまれに観察されていて，レタスすそ枯病では確認されていないが，キャベツ株腐病は本菌の担子胞子によって感染・発病する。

②第二次伝染

第一次伝染により形成された病斑部から伸長した菌糸が作物体上で生育して，気孔から侵入したり病斑を生じながら健全な部分に到達して第二次伝染を行ない，病斑を形成する。また，幼苗期に地ぎわ部や葉に形成された病斑が，作物の生育とともに上方に達して第二次伝染する。

これら以外には，地表面の菌糸片が風雨などによって流れた土とともに移動，飛散し，作物の茎，葉に到達してそこから侵入・発病させる場合がある。

なお，レタスでは確認されていないが，完全時代が明らかにされている作物の場合，第一次感染によって形成された病斑部，とくに地ぎわ部の茎では，しばしば白色粉状の完全時代の子実層が形成される。この子実層には担子胞子が形成されて，高温多湿な気象条件では夜間にこの担子胞子が離脱して飛散し，周囲の宿主体の茎，葉に到達する。その表皮上で担子胞子は発芽して表皮細胞の縫合部から侵入し，その組織内に菌糸を伸長，蔓延させる。

3 | 発病の生態

①初期発病

本菌は育苗中に感染した苗が定植されて発病する。とくに畑では，やや低温で降雨が多く土壌湿度が高いと発病しやすく，一般的には早播きレタスでの被害が大きく，暖地では春どりの作型で多発する傾向がある。また深植えしたり，栽培管理中の中耕のときに土塊が株内にはいったりすると，発病が助長されるようである。

レタスの生育がすすみ結球期以降に下葉が土壌に接するようになると，土壌中に生育している病原菌が，その葉の中肋などから第一次感染する。多くのレタスの発病はこの第一次感染によるとみてよい。

②周囲への伝染

本病の病原菌は，一般的に発病した病斑部分に完全時代を形成しないので，担子胞子による周囲への伝染はおこりにくい。キャベツなどでは完全時代が形成され，前述のように担子胞子が飛散して第二次伝染が行なわれる。しかし，レタスでは発病部分に健全株の葉が接触して，第二次伝染することがあるが，一般的にはこのような例は少ない。

4 | 伝染環の遮断と防除法

①圃場衛生

栽培終了後には翌年の伝染源になる被害残渣を畑に残さず，土壌深く（1m以上）埋めるか焼却する。

②栽培管理

雨などによる土粒の跳ね上がりが発病を助長するので，ポリフィルムによるマルチを行なう。密植すると株間が多湿になり発病が助長されるので，適度の栽植密度で定植し，ハウスやトンネル栽培では多湿にならないようにする。また，育苗中に感染した苗は定植しない。

多発した畑ではレタスの連作を避ける。また排水不良畑では排水を良好にする。未分解の有機質の施用によって発病が助長されるので，完熟堆肥を施用する。

③薬剤防除

本病原菌は土壌中で生息しているので，栽培中の薬剤による防除がむずかしい。そのため，定植前の適用薬剤による土壌消毒が効果的である。

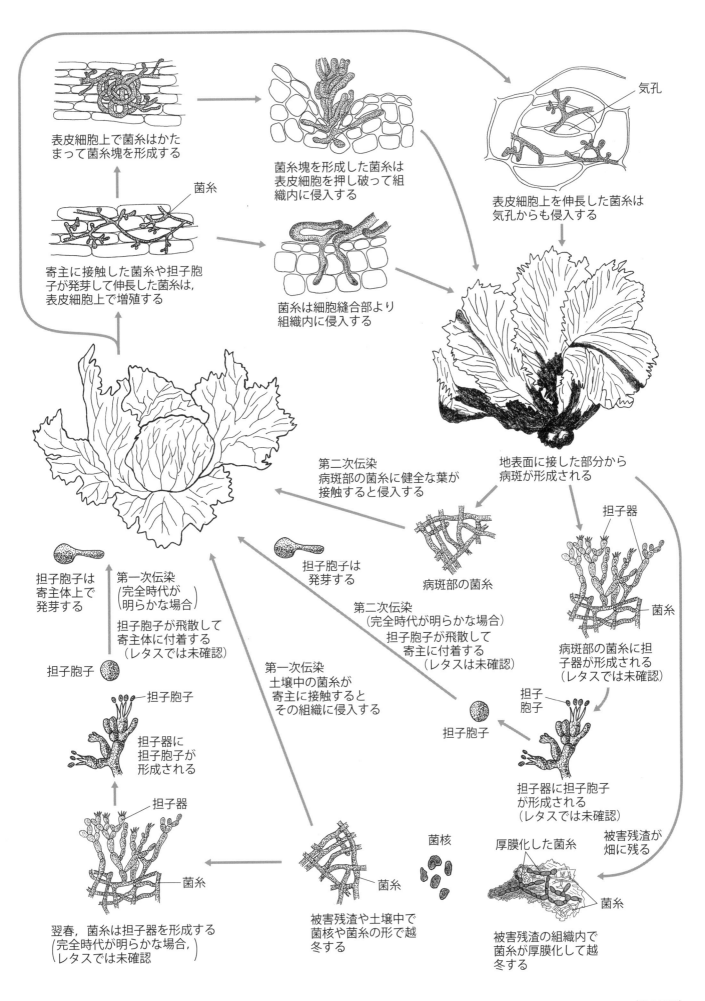

第27図 すそ枯病の伝染環（レタスすそ枯病）

（米山原図）

菌類病

28 白絹病　（ダイズ（エダマメ）白絹病 – *Sclerotium* 属菌（不完全時代））

1│病徴

発病すると，おもに株の地ぎわ部分の茎やその周辺の地面に，白い糸のような綿毛状の菌糸が網目の層状に張りめぐらされる。そのため株の地上部は萎れたり生育が衰え，茎や葉が黄色になってついには枯れる。その後，その株の茎のまわりの地面に白色の綿状の菌糸が集合して，綿糸状の布のように広がり，やがて小さいアワ粒大の菌核を無数に形成する。この菌核は，はじめは菌糸と同じ白色であるが，すぐに明るい茶色から濃い褐色に変色して，越夏，越冬して，次の作物に白い菌糸をのばして寄生・感染する。

2│伝染環

①第一次伝染

本菌は，発病株の被害残渣の組織内や，発病株の地ぎわ部とその周辺の土壌表面に多数形成される，アワ粒大の菌核の形で越冬する。土壌条件によるが，通常，土壌中で5～6年間生存することが知られている。そして，土壌中で越冬した菌核が翌年の第一次伝染源になる。

本菌は，おもに菌糸と菌核の形で生活環をくり返している。土壌中で越冬した菌核は，発芽できる温度，湿度条件になると，新しい菌糸を伸長させて，周辺の有機物を利用して増殖する。他方，地表下10cm以内で，通気がよい土壌中の有機物や被害残渣の組織内で越冬した菌糸は，春になって気温が高く比較的湿度の高い条件で，白色の菌糸束を形成して土壌中を伸長する。この菌糸と菌核から発芽，伸長した菌糸は，やがて宿主作物に侵入する。これが第一次伝染である。

本菌は排水の良好な砂質土壌で生育が良好で，これに対して土壌中の粘土の割合が多い排水不良な畑では密度が低い傾向にある。その理由は土壌水分が50％以上だと，土壌中での本菌に対する拮抗菌などの微生物の繁殖が旺盛になるからである。

宿主体に達した菌糸は，シュウ酸を分泌し，また種々の細胞分解酵素を産生して組織を崩壊させて皮層に侵入する。

②第二次感染

本菌は，寄生した作物の地ぎわ部の茎に白色の菌糸を繁殖させ，やがて無数の菌核を形成する。深さ5～10cmのところの根も侵されている場合がある。これらの病斑部分の菌糸には分生子がまったく形成されないので，それらが飛散することによる第二次伝染は行なわれない。

しかし密植された場合は，発病株に隣接した株の葉や茎，あるいはランナーなどが発病部分の菌糸に接触すると，第二次伝染として発病する可能性がある。また，発病株畑で中耕，培土などが行なわれたときに，発病株の菌糸が土とともに健全株に接触して発病する。このような発病経過以外の第二次伝染は行なわれない。

3│発病の生態

本病は高温の時期で，日中の気温28～29℃から30℃前後がつづき，かつ地表面が湿りすぎない程度に水分を含むころに発生しやすい。梅雨明けから8月下旬が多発生期で，土壌水分が常に十分な時期よりも，乾燥時期が長引いた後に湿潤な天候がつづくと，発病が増大する。これは乾燥によって長く生存していた菌核が，土壌の湿潤によって発芽しやすくなるためと考えられている。

ダイズでは除草や中耕，培土が行なわれると，その4～5日後ごろから急激に発病する。これは，培土作業によって気相に富む膨軟な土壌がダイズの地ぎわに供給され，さらに土壌水分が菌の生育に適した状態になったり，地温が高まるためとみられている。

地ぎわ部の茎だけでなく，一部は地上部の若い葉や茎に病斑を生じることもある。汚染畑では出芽前の種子の生育阻害が土壌中でおこる。

4│伝染環の遮断と防除法

①圃場衛生

アワ粒大の菌核が土壌中で越冬して翌年の第一次伝染源になるので，前年に発病した残渣をアワ粒大の菌核とともに除去し，土中深く（1m以上）に埋めるか焼却する。

②湛水

畑に水を張って一時的に湛水状態にすることが有効である。しかし実際に畑で行なうには，労力がかかりすぎることが難点である。

湛水処理に有機物施用を組み合わせても発病が抑制される。ダイズの白絹病激発汚染地で栽培終了後に，麦わら600kg/10aをすき込み，1年間水田化したところ，防除効果が高かった。これは有機物を加えて水田化したことで，土壌が急激に酸素欠乏状態になり，さらに土壌中に酢酸などの有機酸が産生されることで菌核が死滅し，それとともに拮抗性のあるバチルス属菌などの微生物が関与したためと推察されている。

③栽培管理

適正な栽培密度で栽培する。連作を避け，輪作にトウモロコシを栽培するとか，有機物を多量に施用し，土壌水分を高めないよう畑の排水を良好にする。

夏季，1カ月間の太陽熱利用の土壌消毒も有効である。

④薬剤防除

適用薬剤による土壌処理が有効で，処理時期は作付け前か中耕・培土直前が効果的である。しかし，中耕・培土の1～2週間前や培土後の処理では効果はみられない。

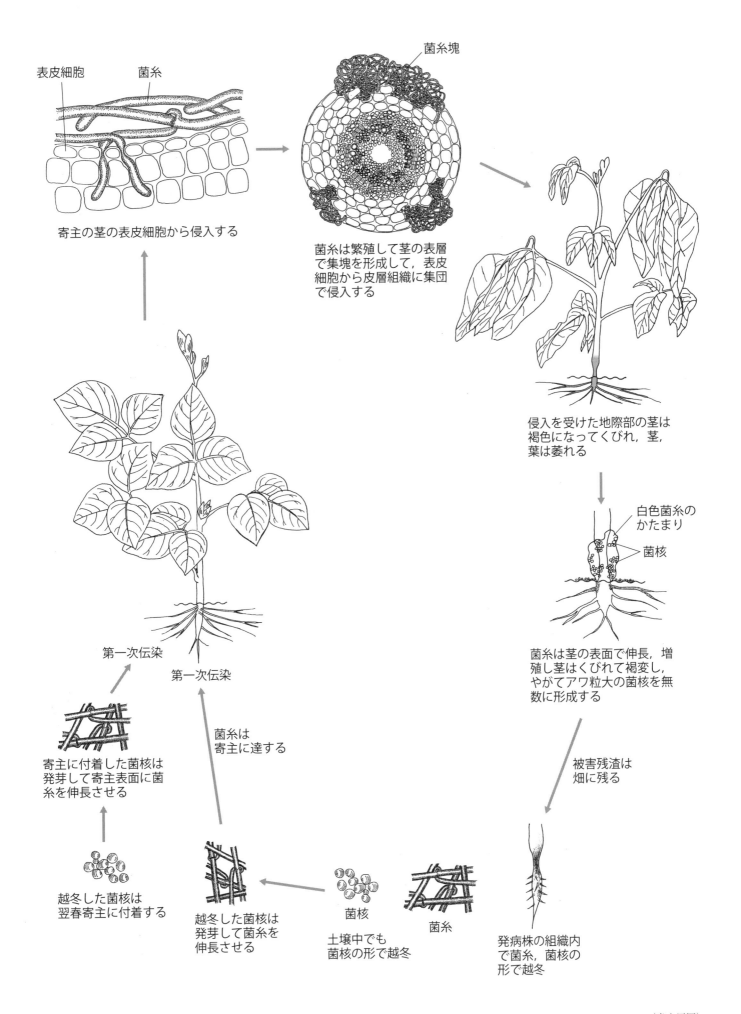

第28図 白絹病の伝染環（ダイズ白絹病） （米山原図）

28-白絹病 61

菌類病

29 さび病 （ネギさび病 – *Puccinia* 属菌）

1｜病徴

はじめは，葉や花梗にやや隆起した橙黄色の小斑点（病原菌の夏胞子堆）が多数生じて，やがてそれが破れると橙黄色の粉（夏胞子）が飛散する。これがネギに付着，感染して次々とネギがさび病に侵される。

やがて晩秋になると，橙黄色の夏胞子堆の周辺あるいは混在して黒褐色の冬胞子堆が生じ，中に形成された冬胞子は夏胞子とともに冬を越し，翌年の伝染源になる。

2｜伝染環

①第一次伝染

ネギさび病菌（ネギ菌）は，夏胞子と冬胞子のみを形成する絶対寄生菌で，精子器やサビ胞子堆を形成せず，同一の作物体上で伝染をくり返す。越冬は，病斑部に形成した夏胞子や気温が低下して形成される冬胞子で行なわれる。

夏胞子の発芽範囲は5～25℃であり，30℃をこえるとほとんど発芽せず，5～20℃の範囲でよく発芽する。

前年の栽培で，収穫し残されたネギの病斑上で夏胞子あるいは冬胞子が越冬するが，翌年，気温の上昇にしたがって夏胞子のみが飛散し，新たに栽培された健全なネギに付着して第一次伝染する。なお，冬胞子が感染にはたす役割は明らかでない。

ネギに付着した夏胞子は，気温の上昇，水滴や多湿といった条件で発芽して発芽管を伸長させ，付着器を形成したのち粘膠を分泌して密着する。その後，付着器の下面から細い侵入菌糸を伸長させ，気孔の細隙を通過して気孔内に侵入する。気孔直下の呼吸腔に達すると，その先端が再び膨大したのち，細胞間隙に菌糸を伸長して組織内に蔓延させ，吸器を形成して細胞から養分を吸収する。菌糸が組織内に増殖すると，表皮下に夏胞子堆を形成してそこに夏胞子を生じる。やがてその上方の表皮が破れ，内部に形成された夏胞子が飛散する。

②第二次伝染

病斑部に形成された夏胞子堆から夏胞子が飛散して，健全なネギに付着して第二次伝染する。夏胞子は5～25℃で発芽し，感染は16～25℃の範囲で行なわれ，その潜伏期間は約10日間である。葉面が13時間以上濡れていると発病が激しい。発病後は，葉の病斑数が多くなったのちに他の株への感染が増加する傾向がある。

3｜発病の生態

①初期発病

本病は苗床で初発病することもある。平均気温がほぼ10℃に達すると，3月下旬ごろから苗床などで発生するが，一般的には4～5月に発病が多くなりはじめ，7月上中旬ごろまで発病する。夏は一時発生が中断し，平均気温が18℃前後になる9～10月ごろから再び発生しはじめて12月上旬ごろまでつづく。夏胞子は高温では短命で，室内実験では35℃20時間の処理で，ほとんど発芽能力を失う。したがって，春に多発生しても越夏する胞子は少ない。

秋に多発生して冬が温暖多雨の場合，翌春の発生が多い傾向にある。これは，夏胞子が生葉上で越冬して生存しているためである。また，春に多発生して，夏が低温多雨の場合には秋の発生が多い傾向がある。

ネギ菌は夏胞子を接種すると16～25℃で感染し，16～20℃でよく病斑を形成する。それに対して，接種後3日間の平均気温が22～23℃以下であることが必要という報告もある。これとは別に，葉面の濡れた時間が8～9時間の場合にはわずかに感染し，13時間以上では感染が多くなる。さらに，葉が30時間濡れていれば，温度は16℃や27℃でも感染が可能とされている。また，肥切れして草勢が衰えると発病が増大する傾向がみられる。

②周囲への伝染

病斑部に形成された夏胞子が飛散して，それが第二次伝染源になる。ネギ菌は16～20℃が感染に好適で，20～25℃でもわずかに感染する。

冬胞子堆は，平均22～23℃以下で形成されるが，実験的な低温処理による冬胞子堆の形成は明らかでない。

畑では初発生した株を中心に発病株が増加するが，発病株が増加する前に1株当たりの夏胞子堆がまず増大して，その1週間後ごろから発病株が増加する傾向がみられる。

4｜伝染環の遮断と防除法

①圃場衛生

前年発病したまま収穫し残した株が，翌年の重要な第一次伝染源になるので，畑に放置せずに取り除き，被害残渣とともに集めて土中深く（1m以上）埋めるか，焼却する。

また，越年作型のネギの発病株は，十分な防除をしておくか，発病葉を摘除し集めて焼却する。

②栽培管理

育苗床での発病をおさえるとともに，発病苗を廃棄して健全苗のみを定植する。また，密植しないよう適正な栽培密度を保って植え付ける。

初発生した葉は，みつけしだい摘除して焼却する。

畑の排水を良好にして，肥切れしないよう堆肥などを施して，草勢を良好にする。また，ネギの発病畑の近くでの栽培を控える。

③薬剤防除

多発状態での防除は効果が低いので，発病初期の防除が重要である。発病初期に，必ず展着剤を加用して，かけむらのないように散布するのがコツである。

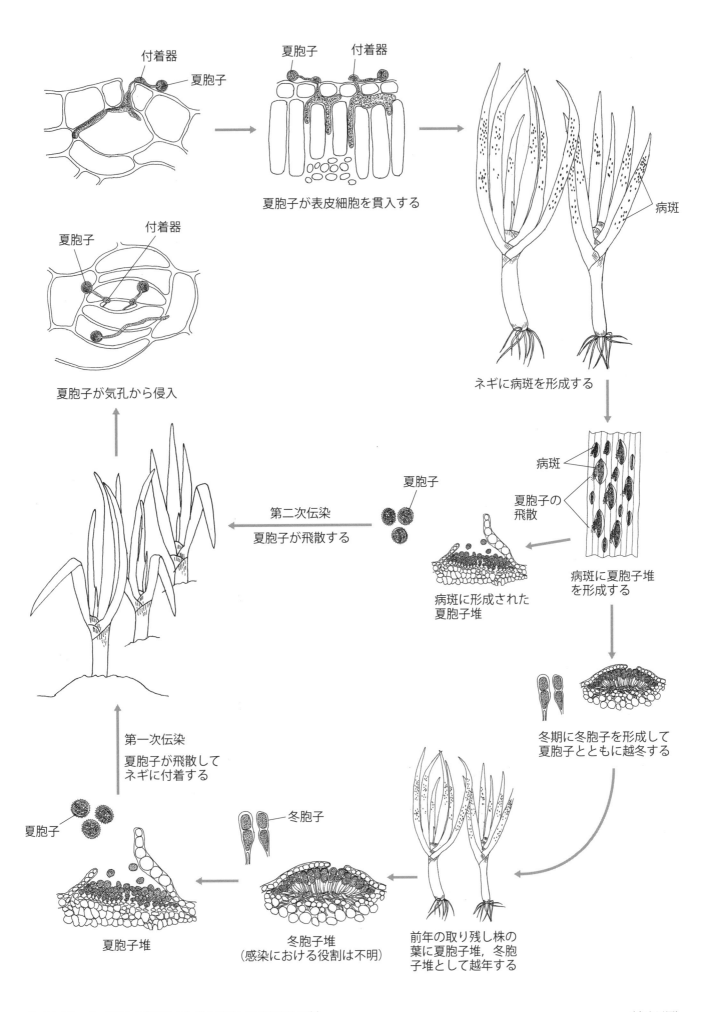

第29図 さび病の伝染環（ネギさび病〈同種寄生種〉） （米山原図）

菌類病

30 灰色かび病 （キュウリ灰色かび病 – *Botrytis* 属菌（不完全菌類））

1 病徴

キュウリの花弁，葉，茎（つる）などほとんどの部分に，やや茶色がかったカビを生じて，不整形の病斑を形成して腐敗する。その後キュウリが開花すると，開花後の花弁が灰褐色になって腐敗する。幼果に感染すると，やや褐色になって腐敗して被害が大きい。果実にも寄生して腐らせる。

発病株では，開花後に葉の上に落ちた花弁や病気になって生じた病斑上には，灰色～茶色の病原菌（カビ）を密生，腐敗させて，灰褐色で円形の大型病斑をつくるとともに，湿度が高いときには，被害部やつる，葉柄など，傷がついた部分に，灰色～淡褐色，粉状の菌糸が密生する。この菌糸から分生子が飛散して，健全なキュウリへ伝染する。

2 伝染環

①第一次伝染

本病の病原菌は，被害部分に形成された菌核や分生子，あるいは被害残渣の組織内で菌糸の形で，越夏あるいは越冬する。切りわらなどの有機物にも腐生的に繁殖して越夏，越冬して，第一次伝染源になる。

本菌はほとんどの野菜類を発病させる多犯性であるため，低温期での施設栽培ではトマト，ナス，キュウリなど多くの野菜類を発病させる。そして露地栽培やハウス栽培などで，収穫し残された発病株の病斑部分や，畑，ハウスのまわりに野積みにされた被害残渣に形成された，病原菌の分生子が第一次伝染源になって，次々に伝染しながら短期間に何回も世代をくり返す。

本菌は15～30℃で生育し，最適温度は20℃前後であり，18～23℃で湿度の高い条件で分生子が形成される。冬季に0～1℃の低温にあうと分生子の大部分は死滅する。

本病の感染は，分生子が飛散して宿主体に付着することから始まり，分生子が定着すると，発芽して直接表皮細胞を貫通して侵入する。その場合，多くは作物についた傷や咲き終わってしなびた花弁，がく片，枯死葉などを足がかりにして菌糸をのばし作物体内に侵入する。越冬した菌核も春に発芽すると，そこに分生子を形成し，それが飛散して他の花弁に付着して第一次伝染する。

②第二次伝染

発病した病斑部に分生子を多数形成し，これが飛散して第二次伝染する。

湿度が高い条件で発病部に多くの分生子が形成され，それが飛散して健全株に付着・定着することで伝染する。分生子は晴天の日にはほとんど飛散せず，曇天か雨天の日や降雨の翌日に飛散する。午前8～11時ごろに飛散数が多い。これは露地でも施設でも同じである。また，宿主体への侵入は第一次伝染と同様である。

3 発病の生態

露地栽培に比べてハウスなどの施設栽培で多発生する。発病の適温は20℃前後で比較的低温であるが，本病の発病には，温度よりも相対湿度の影響が大きく左右する。冬季栽培のハウス内部は，曇雨天日には湿度が95％，気温15～20℃で，発病に好適な環境が持続する。そのうえ密植栽培であると，つる，葉が過繁茂になって通気や日当たりが不良になり，株間の湿度が高まる。これに加えて換気不良，灌水過多，排水不良が重なると，ハウス内部はさらに多湿になって，作物体表面が結露しやすくなって発病が助長される。

宿主体に付着した分生子は，表皮細胞を貫通して侵入するが，本菌は腐生性が強い性質から，通常は枯死葉や傷，さらに咲き終わってしなびた花弁，がく片，枯死葉，あるいは咲き終わって葉上などに付着した雄花の花弁などに付着し，そこで繁殖してから菌糸をのばして，宿主体の表皮を貫通して侵入し発病させる。

本病は作物の草勢がやや衰えたときに発病しやすい傾向があり，密閉して多湿になったハウスで被害が大きい。

4 伝染環の遮断と防除法

①圃場衛生

本病の病原菌は，被害残渣や有機物などについて菌糸，菌核あるいは分生胞子の形で越夏，越冬して，第一次伝染源になるので，発病した株や畑に落ちた被害残渣などは，栽培終了後にきれいに集めて土中深く（1m以上）埋めるか，焼却する。

被害株を畑の隅などに積み重ねて放置すると，これらに病原菌の菌核が形成されていたり，分生子が無数形成されていて，次作の伝染源になるので放置せず焼却処分する。

②栽培管理

栽培中には，畑やハウスの排水を良好にし，密植を避けて過繁茂になった葉，つるは適正に摘除して，湿気がこもらないようにする。また，本菌は咲き終わってしぼんだ花弁からも侵入して発病させるので，こうした花弁を摘除することも有効な手段である。灌水はマルチ下か地下灌水とし，降雨が多いときでもカーテンをあけ，日中は暖房機のファンのみを運転してでも十分に換気をして，ハウス内の湿度が高くならないように管理する。

なお，ハウスの外張りに防霧性のビニール，内張りに吸湿性や透明性をもち防霧性に優れているポリフィルムなどを用い，さらに内張りが外張りに接する部分に排水用の樋などを設けて，外張りの内側に結露した水を集めて排水して，ハウス内の湿度を低める対策をしたところ，発病が4分の1～2程度に抑制された，という例がある。

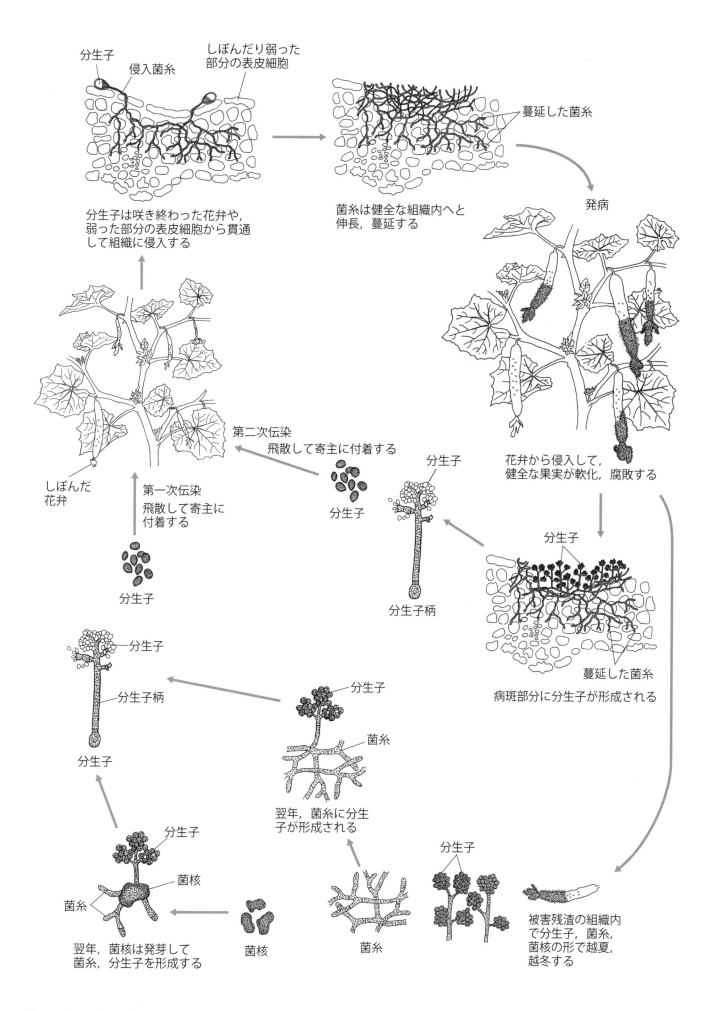

第30図 灰色かび病の伝染環（キュウリ灰色かび病） （米山原図）

菌類病

③① 半身萎凋病 （ナス半身萎凋病 – *Verticillium* 属菌（不完全菌類））

1｜病徴

はじめ下葉の葉脈に，周辺がはっきりしない黄色がかった，ややぼやけた斑紋ができて，葉柄や葉縁部分が退色して萎れてくる。多くの場合は，はじめは葉の片側のみが黄色がかって変色する症状がみられる。その後，上のほうの葉にも発生して，やがては株の片側のみの葉が黄化し，萎凋する。さらに病勢がすすむと，これらの症状が株全体に広がり，ひどい場合は萎凋枯死する。被害株の茎，葉柄の導管部はかなり上方まで褐変している。

2｜伝染環

①第一次伝染

本菌は多くの作物を侵し，栽培終了後の被害残渣の組織内で菌核や，そこで形成された分生子の形で，さらには発病後の根部，葉，茎などに微小菌核を形成したまま土中に埋没して越年する。これらのうち，菌糸や分生子は比較的速やかに溶菌して活性を失うが，微小菌核はそのまま土中で越年して，翌年の第一次伝染源になる。

土中の微小菌核の近くに宿主作物の根が伸長してくると，菌核は発芽してその根に伸長・到達して，根の先端の根冠部から侵入するが，根部の表皮からも侵入する。また，根の傷口からも多く侵入する。

根の表皮から侵入した菌糸が表層部を侵すと，内皮が肥厚したり，細胞壁がリグニン化，スベリン化したりして，菌糸は容易に通過できないようである。しかし，最終的には通過し，やがて維管束に達して全身が感染する。

導管に達した菌糸はその後，内部で分生子を形成し，その分生子が導管内の水分の流れに乗って，宿主の茎を上昇して枝や葉に達する。それらの場所に定着すると，そこで発芽して菌糸を生じて増殖する。発病後萎凋するのは，本菌が維管束に蔓延，増殖するため，導管やそれをとりまく伴細胞の機能が停止させられたり，ゴム様物質が充填したり，チローシスを生じたりして，水分の移行が不能になるからである。

発病した作物が衰弱，枯死すると，菌糸はその組織内で盛んに増殖するが，このころになると，他の腐生性の微生物の侵害が多くなってきて，本菌の増殖は停止する。そして組織内に微小菌核を形成し休眠期にはいり，やがて被害残渣とともに土中に埋没して越冬する。こうして土壌中で越冬した微小菌核は，翌年の第一次伝染源になる。

②第二次伝染

発病株から健全株への第二次伝染は行なわれない。同じ畑での発病時期の早晩は，第一次伝染の早晩であると推定されている。

なお，発病株の導管内で形成された分生子が導管流によって上方に移行していき，ある位置で停止して定着し，そこで発芽した後に菌糸が増殖することを第二次伝染と記述される場合もあるが，これは本来の第二次伝染ではない。

3｜発病の生態

本菌は種によって発病の温度が異なるが，一般的には，菌糸は10℃よりやや低い温度から35℃をこえる温度で生育し，最適温度は23～25℃である。分生子形成の最適温度は25℃前後で，その発芽は10℃前後～35℃よりやや高い温度で行なわれ，最適温度は25℃より高く30℃より低い温度の範囲である。菌糸の伸長はpH3.6からおこり，最適pHは6～7である。本病は平均気温20～25℃のころから発病するが，25℃以上の高温期には発病がみられない。本菌の微小菌核は土壌中で越冬して，ナスのような深根性の作物では，地下30cmまでの土壌中に生存する菌核が，発病に関与するようである。

キタネグサレセンチュウが生息している畑では，土壌中の菌核数が少ない場合でも，ハクサイ黄化病の発病が助長されている。

4｜伝染環の遮断と防除法

①圃場衛生

栽培終了後は発病株の根はまわりの土とともに掘り取り，さらに茎や葉を集めて土中深く（1m以上）埋めるか焼却して，土壌への残存菌核を減少させる。本菌が寄生する雑草だけでなく非感染性の雑草も同様の処理を行なう。菌核数が多く，発病がかなり多い畑ではこれらの処置の効果は低いとの指摘もあるが，発病畑では菌密度を下げるために行なわなければならない。

②栽培管理

未成熟有機物の施用により発病が助長される可能性があるので，完熟堆肥の施用を心がける。

同じ菌で発病するハクサイ黄化病では，硝酸態窒素や硝安の施用で発病が少なかったとの試験成績がある。ところが海外では，アンモニア態窒素が発病を抑制し，硝酸態窒素は助長するとの報告もある。

圃場を湛水して嫌気状態にすると病菌が死滅するので，水田との輪作栽培では発生は少なくなる。また，抵抗性台木への接ぎ木も効果的である。

③薬剤防除

適用薬剤による土壌消毒を行なう。この場合，地下20～30cm部分の地温が12～13℃以上のときに，適用薬剤の処理を行ない，処理後に土壌表面をポリフィルムで10～15日間くらい被覆すると有効である。手間と時間がかかるが，手抜きせずに取扱書にしたがって処理を行なわなければならない。

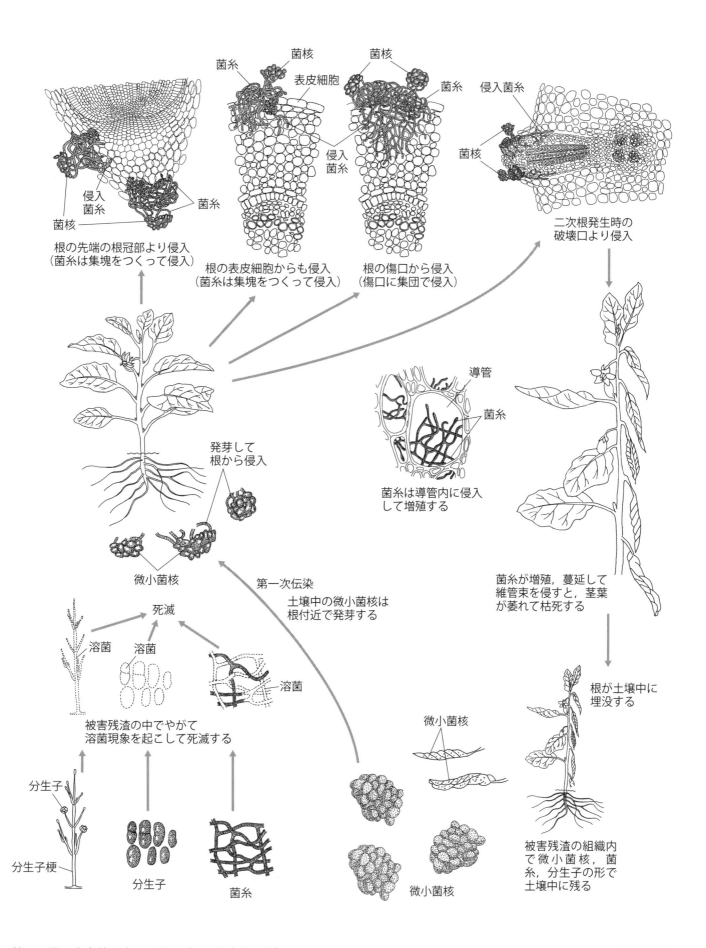

第31図 半身萎凋病の伝染環（ナス半身萎凋病） （米山原図）

31-半身萎凋病 67

菌類病

32 つる割病 （メロンつる割病 – *Fusarium oxysporum* 属菌（不完全菌類））

1│病徴

　本病の病原菌は土壌中に生存している糸状菌で，根部に感染し，全生育期間を通して発生する。とくに，果実の肥大期には，急に症状がすすむので被害が大きい。本病に感染すると，圃場全体に広がり全滅することもある。

　本病は水分や養分が通る組織が侵されるので，根や下葉からの水分や養分が上方へ運ばれなくなる。そのため，葉をはじめ茎などが黄化し，さらに褐色の条斑になって機能が侵され，株全体への養・水分の供給が行なわれなくなり，株全体が黄化し，最終的には萎れ，やがて枯れる。

2│伝染環

　Fusarium（フザリウム）属菌は多くの分化型に類別されているが，多くは土壌中で作物の根部を侵害するため，連作障害の主要な原因になっている。おもに根部を侵すフザリウム菌は野菜類に発生して，被害が大きいのは，*F.oxysporum*（F.オキシスポラム）菌と *F. solani*（F.ソラニイ）菌である。本項で記述する F.オキシスポラムは，おもに根から侵入して維管束内の導管と周辺細胞や伴細胞で繁殖し，メロンなど数種のウリ類の茎，葉を萎凋させたり果実を腐敗させる。

①F.オキシスポラム菌の土壌中での生存

　F.オキシスポラム菌は植物体や残渣などで，菌糸，分生子や厚膜胞子の形態で生存し，越冬して第一次伝染源になる。残渣内で形成された分生子や厚膜胞子は，残渣の分解にともなって，土壌中に放出される。

　厚膜胞子は不良環境に耐え，畑状態では2〜3年間生存し，湛水しても1年間は死滅しないで伝染源になる。しかし，F.オキシスポラム菌の一部の分化型の菌は，水深50cmの湛水で酸素欠乏のため消滅する。ただし，わが国の水稲栽培のような浅水状態の4カ月間の湛水では，菌数の一部は減少しても，全体が消滅するほどの酸素欠乏にはならない。分生子，厚膜胞子の形成には中性からやや酸性が適しており，土壌中の菌量は土壌pH7で高い菌密度を維持し，pH8〜9および6の順に少なくなり，pH5になると極端に少なくなる。

②第一次伝染と宿主への侵入

　本菌は根部付近で発芽したのち，菌糸を伸長させて根の先端の根冠に塊状に集まり，その細胞間隙から侵入，進展して根冠内層部に蔓延し，原始あるいは初生分裂組織を侵しながら中心柱内にすすみ，さらに繁殖する。その後，導管内に侵入して上方へと伸長し，やがてスポロドキア（大型分生子形成組織）を形成して分生子を多数生じる。分生子は，離脱すると導管流に乗って導管の上方へ転流し，ところどころで定着すると，そこで発芽して菌糸が生育する。

　これ以外に傷口や根の表皮の土壌線虫の侵入孔や，二次発根の発生時に生じた破壊孔からも根に侵入する。ここから蔓延，生育した菌糸は導管の周辺細胞，組織へ蔓延，進展して，それらの組織を崩壊させる。さらに維管束を通って果実に達し，種子内へも侵入して種子伝染の原因になる。

　このように宿主作物の組織内に蔓延，増殖した病原菌の分泌した毒素により，茎，葉が萎れたり黄化する。さらに菌糸の蔓延によって導管内にゴム様物質が充填したり，チローシスの生合成によって導管内の水分の移行が阻害されたりして，導管やその周辺の細胞が死滅するために導管の機能が停止して茎葉が萎れ，やがて枯死する。

3│発病の生態

①初期発病

　本菌は4〜28℃で生育し，24〜27℃が最適温度である。本菌（本分化型）はメロンのほか，マクワウリ，シロウリを侵し，同じウリ科でもキュウリ，スイカ，ヘチマ，トウガン，カボチャは侵さない。種子伝染する場合は，発芽から育苗中に発病する。発病には地温20〜23℃が適しており，比較的低温時でも感染，発病するようである。土壌pH4.5〜5.8の弱酸性が適していて，多発生しやすく，pH7前後以上では発病は少ない。

②周囲への伝染

　発病株から健全株への第二次伝染は，本病の伝染過程から考えて行なわれないとみてよい。同じ畑での発病時期の早晩は，第一次伝染の早晩に由来すると考えられる。

4│伝染環の遮断と防除法

①圃場衛生

　発病株の組織内で菌糸，分生子および厚壁胞子の形で残存し，土壌中に埋没したまま越冬して，翌年の伝染源になるので，栽培終了後にはまわりの土とともに抜き取り，土中深く（1m以上）埋めるか焼却する。また，雑草の根圏でも本菌は増殖するので，雑草も発病株と同時に処分する。

②栽培管理

　乾熱処理実施済みの種子を用いるか，適用薬剤による種子消毒を行なう。石灰を土壌に混和して土壌pHを7前後に高めると，予防効果があるが，アルカリ側に高めすぎると，作物の生育に悪影響を及ぼすので注意する。

③薬剤防除

　適用薬剤による土壌消毒を行なう。この場合地下20〜30cm部分の地温が12〜13℃以上のときに処理を行ない，処理後には土壌表面をポリフィルムで10〜15日くらい被覆すると有効である。土壌消毒は畑全面に行なわなければ，防除効果は期待できない。

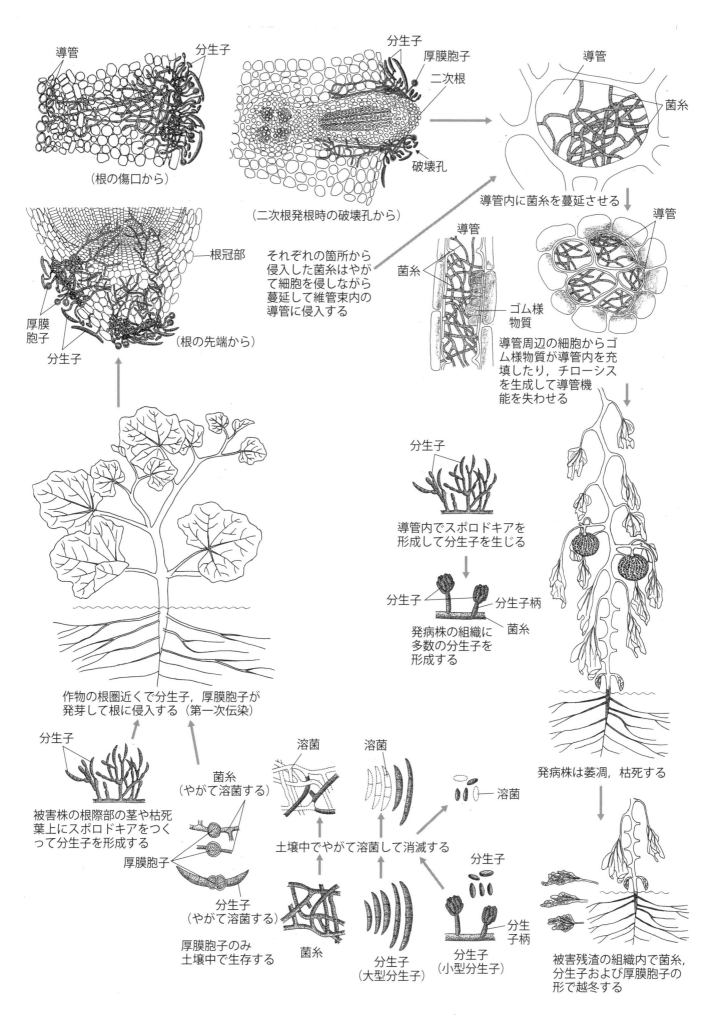

第32図 つる割病, 萎凋病などの伝染環（メロンつる割病） （米山原図）

菌類病

33 つる枯病 （メロンつる枯病 – *Didymella* 属菌）

1 | 病徴

茎（つる），葉，葉柄，まれに果実に発病するが，とくに葉柄，茎での発生が多く，地ぎわ部がよく侵される。次いで節の部分が侵されやすい。

はじめ淡黄色，水浸状で，しだいに白色～暗白色になって，ガサガサになる。病斑上に小粒黒点を生じ，ヤニを出すことが多い。その後，病斑の中央部分が褐色になるが，一部分が薄くなって灰白色になることもある。やがてその部分に小さな黒い粒（病原菌の分生子殻）が多数生じる。

茎の病斑は大きな病斑にはならず，表面近くで止まり内部の維管束まで達することはない。茎で発病したものは，皮層部近くで止まることもある。しかし，葉ではやがて大型病斑になって，やや黒褐色に凹んで割れ目を生じ，ひどいと葉が枯れる。

2 | 伝染環

①第一次伝染

本病の病原菌は，被害株の茎，葉および果実の病斑の組織内に形成された完全時代の子のう殻や，不完全時代の分生子殻や偽子のう殻の形で，土壌中に埋没した残渣とともに越冬して，翌年の第一次伝染源になる。

翌年，気温の上昇とともに子のう殻の頂部が裂けて，内部の子のうおよび子のう胞子，あるいは分生子殻内の分生子が空気中に飛散して，健全株の茎，葉に付着して発芽する。発芽した菌糸は，メロンの表皮細胞から侵入する。その後，菌糸を組織中に蔓延させて病斑を形成し，そこに不完全時代の分生子殻や完全時代の子のう殻を形成する。

本菌は5～35℃で生育し，最適温度は20～24℃である。

②第二次伝染

本病は，茎や葉の縁からもクサビ形の病斑を形成し，とくに地ぎわ部の胚軸から本葉第1葉までのあいだの茎の被害が大きく，致命的な被害になる。

それらの病斑上には，頭針大の黒色小粒点が無数に形成されるが，これらはおもに分生子殻である。気温が20℃前後で湿度が85～90%という多湿条件がつづくと，分生子殻内の分生子が周囲に飛散して，まわりの健全株の茎や葉に付着して第二次伝染が行なわれ，被害はますます大きくなる。

3 | 発病の生態

①初期発病

本菌は20～24℃の温度で生育が良好であり，発病もこの温度の範囲で最も多く，とくに湿度が85～90%以上の多湿条件が4～5日つづくと，急に発病が多くなる。湿度が発病にとって重要で，湿度が低下すると発病は少なくなる。温度範囲は20℃前後で比較的幅が広いので，梅雨期，秋雨期に多発生する。

発病にとっての適温，多湿条件がつづく5～7月，あるいは9～10月が多発時期になるので，このころの作型で被害が大きい。ハウス栽培で最も被害が大きくなるのもこのころである。

②周囲への伝染

本病の病斑が形成された地ぎわ部近くの茎や葉，あるいは上方の茎の病斑部分に，頭針大の黒色小粒点（病原菌の分生子殻）が多数形成される。そして，ハウス内などで多湿な条件がつづくと，それらの内部に形成された分生子が飛散して，まわりの健全株や健全な茎に付着して第二次伝染する。

4 | 伝染環の遮断と防除法

①圃場衛生

前述したように，被害株の茎，葉などの病斑部に形成された子のう殻や分生子殻が，それらの残渣とともに土中に埋没したまま越冬して，翌年の第一次伝染源になるので，栽培終了後には，被害株や地表面に散乱した被害葉などはきれいに清掃し，土中深く（1m以上）埋めるか，焼却して伝染源をなくす。

②栽培管理

健全苗のみを定植するが，密植を避け，茎や葉が過繁茂にならないように摘葉などを行ない，株まわりの通風を良好にする。また，定植後は早めに敷わらかポリフィルムのマルチを行なう。ハウス内の灌水はマルチ下で行ない，多量に灌水しないようにする。

ハウスでは夜間多湿にならないように適宜暖房を行ない，曇天や雨天であれば，日中はファンを運転して換気に努め，湿度を低下させる。

発病したときは，病斑部分に黒色の小粒点が形成される前に抜き取って焼却するか，病斑部分を早期に削り取る。抜き取った株や削り取った病斑部分は，ハウス内や畑のまわりに放置しないようにする。

③薬剤防除

発生初期の防除を最重点に行ない，適用薬剤を発病初期に，かけむらのないように散布する。あるいは，とくに発生しやすい胚軸から本葉第1葉のあいだの茎に適用のあるペースト剤をていねいに塗布すると有効である。

栽培中に多湿条件がつづくようであれば，発病後の防除では効果が低いので，予防散布を行なう。

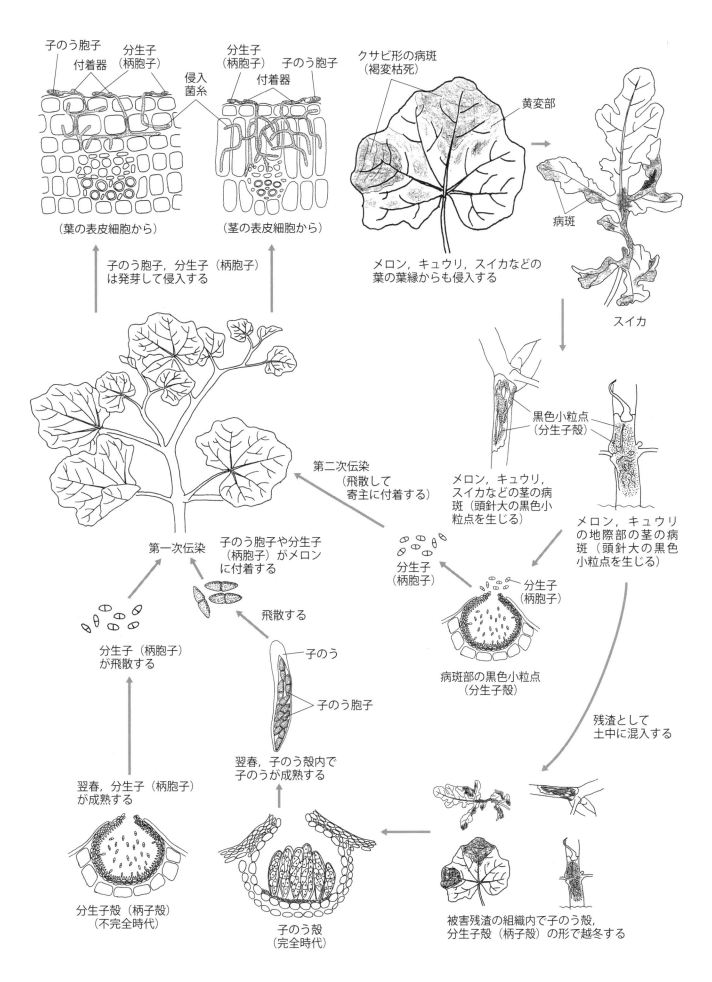

第33図 つる枯病の伝染環(メロンつる枯病)　(米山原図)

33-つる枯病

菌類病

34 茎枯病 （アスパラガス茎枯病 – *Phomopsis* 属菌（不完全菌類））

1｜病徴

はじめ小さな水浸状の斑点を生じ，やがて健全部分との境目がはっきりとした，赤褐色で紡錘状の病斑に拡大する。病斑が大きくなると，健全部分との境にはっきりとした輪紋を生じ，病斑上には，のちに小さな黒い粒が生じる。

病斑が縦に長く拡大しながら茎をとりまくと，茎がやや赤みを帯びて枯れる。赤く枯れるのが特徴で，ひどくなると畑が全滅するほど被害が大きくなる。

気候の温暖な地方で発生しやすいようである。

2｜伝染環

①第一次伝染

本病の病原菌は，被害株の茎の病斑の表皮下に形成された分生子殻が，土壌中に混入した残渣とともに越冬して翌年の第一次伝染源になる。

翌年，気温の上昇とともに分生子殻内で成熟した分生子が飛散して，健全株の地ぎわ部の茎に付着して第一次伝染する。このとき，萌芽まもない若い茎には感染せず，擬葉の葉片がある程度老化してきた部分から侵入する。潜伏期間は7〜10日である。

アスパラガスは春季には1日に10cm前後伸長するが，茎が30〜40cm以上にのびてその2週間くらいのあいだに，茎に巻きついていた擬葉が茎から離れて展開しはじめる。このころの擬葉が侵入門戸になって，病原菌の侵入，感染を受けやすくなる。しかし，1カ月以上経過すると病原菌は侵入できないようである。

発病の適温は20〜25℃前後で，相対湿度が高いときに多発する傾向がある。

なお，越冬した分生子殻内から長期間分生子を放出するので，第一次伝染の期間が長くつづく。

侵入した菌糸は柔組織に蔓延し病斑を形成すると，その組織内に分生子殻を形成する。

②第二次伝染

発病した茎の病斑に形成された無数の黒色小粒点は本病の分生子殻で，内部の分生子が成熟すると，空気中に飛散して周囲の健全な茎に付着し，第二次伝染が行なわれる。とくに降雨や多湿条件が第二次伝染にとって好適な条件であるから，梅雨期，秋雨期に多発生する。

3｜発病の生態

①初期発病

被害株の茎の病斑部の表皮下に形成された分生子殻の形で越冬し，翌年その内部で熟成した分生子が飛散して感染する。気温20〜25℃前後で水分や多湿条件を好むので，梅雨期に発病が多く，7月下旬〜8月下旬の高温乾燥期で

少なくなるが，9月の秋雨期に再び発病が多くなる。

②周囲への伝染

発病した茎の病斑部に形成された分生子殻が成熟すると，内部から分生子が飛散して，降雨，多湿条件で周辺の株への伝染が行なわれ，秋季まで発病する。

4｜伝染環の遮断と防除法

①圃場衛生

栽培終了後，茎が枯れた株や，発病して折れて地表面に落下した被害茎を集め，さらに秋に茎，葉が自然に黄化してきたら，被害株を地ぎわ部から刈り取って土中深く（1m以上）埋めるか焼却する。

とくに地ぎわ部に発病して，病斑部が土に埋まっているような被害茎，葉は土を取り除いて病斑部から刈り取るようにする。そうしないと，残った病斑部からの第一次伝染により，翌年の発病が多くなるので，株元の病斑部も必ず刈り取らなくてはならない。

②栽培管理

発病した茎は，ただちに刈り取って除去する。密植を避け，茎，葉が過繁茂にならないようにする。本病は収穫せずに繁茂させた茎に感染発病するので，春から10月ごろまでに萌芽したものは収穫可能であるから，それらはなるべく収穫する。残して，茎，葉が過繁茂にならないように，できるかぎり収穫する。

畑の排水を良好にし，敷わらや堆肥などでマルチすると本病の発病防止効果がみられ，さらに雨よけ栽培すると防止効果は高い。

③薬剤防除

適用薬剤を発病前から散布して予防に努める。散布むらのないように，ていねいに薬剤撒布することが防除のコツである。

ある産地ではアスパラガスは薬剤散布が不要であるという情報から，アスパラガスの作付けが導入された例があって，本病により大きな被害を受けた。しかし，薬剤散布を行なってから，生産は安定した。本病に対しては，かけむらなく薬剤散布を行なえば，高い防除効果が得られる。

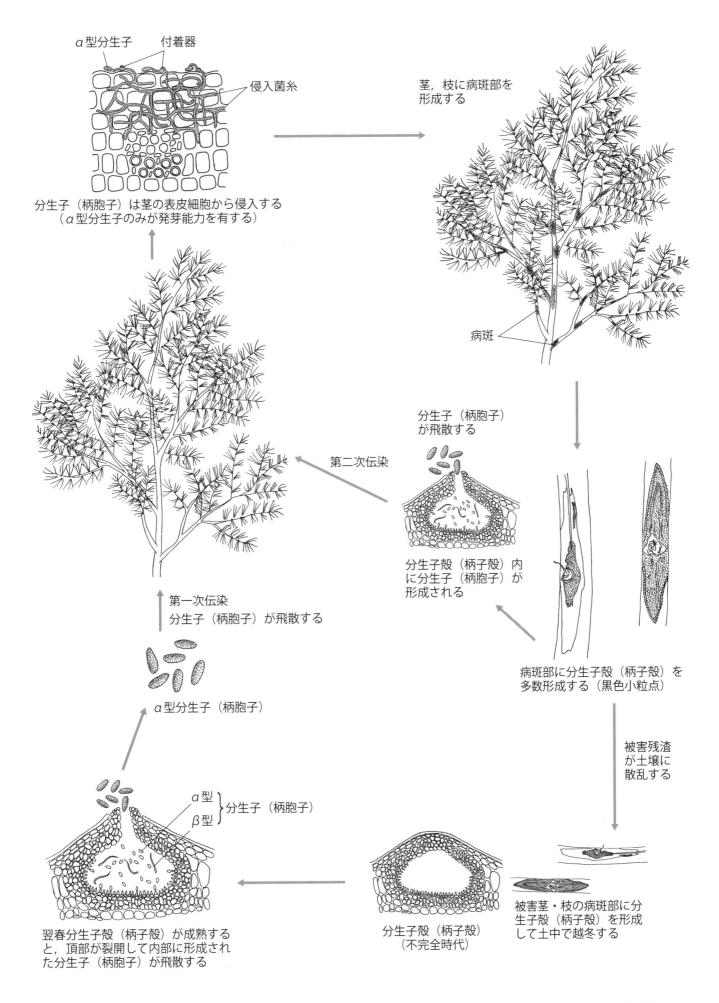

第34図 茎枯病の伝染環（アスパラガス茎枯病）

（米山原図）

34-茎枯病

菌類病

㉟ 輪紋病 （トマト輪紋病 – *Alternaria* 属菌（不完全時代））

1｜病徴

はじめ，葉に大小さまざまな斑点を生じ，葉柄，茎，果梗，果実などあらゆる組織が侵される。

葉の病斑は，はじめ褐色，あるいはやや暗褐色で水浸状の小斑を生じ，やがて拡大して同心輪紋状の円形あるいはやや円形～楕円形の大型の病斑になり，まわりは黄色のクマで囲まれる。その後，病勢がすすむと病斑上にビロード状のカビを生じる。発病がひどいと結実不良になる。

このような病斑は葉だけでなく，茎，葉柄のほか果梗や果実にも発生して結実不良になる。症状はいずれも葉の症状に似ていて，はじめは暗褐色水浸状で，少し油がしみたような濃い褐色の，やや凹んだ円形の小さな斑紋がみられるようになる。

葉の病斑は，一般的には下葉から発生しはじめ，ひどい場合は多数の病斑ができ，下葉から枯れ上がる。

2｜伝染環

①第一次伝染

本病の病原菌は，発病した病斑部に菌糸や分生子の形で，土中に埋没した被害残渣とともに越冬したり，他のナス科作物の病斑上で菌糸，分生子のまま越冬したりする。また，種子に付着して種子伝染する。

翌年，被害残渣とともに土中で越冬した分生子や，発病したまま畑のまわりに放置された前作の発病部で越冬した病原菌の菌糸からつくられた分生子が，気温の上昇とともに飛散して，健全なトマトの葉に付着し，やがて葉上で発芽した病原菌が，表皮のクチクラ層から侵入する。

分生子の発芽適温は28～30℃の高温で，潜伏期間は2～3日である。本菌は1～2℃から37～45℃で生育する高温性の菌で，生育の適温は26～28℃である。

②第二次伝染

病斑部には分生子が多数形成され，それが周囲に飛散して健全な葉に付着すると，高温多湿の条件で生育し，表皮細胞から侵入して第二次伝染が行なわれる。病斑が形成されると再び病斑上に分生子を形成して，次々と伝染をくり返す。

3｜発病の生態

①初期発病

本菌の生育適温は広いが，とくに26～28℃でよく生育する高温型の菌なので，発病は高温期であり，とくに27℃前後でやや乾燥ぎみの天候のときに発病しやすい。病原菌が侵入してから病斑形成までは2～3日で，比較的早く病徴があらわれる。

本病はハウスなどの施設で栽培される越冬栽培や促成栽培，抑制栽培で発病が多い。露地栽培では，7～9月の高温期に栽培されるトマトに発病すると被害の大きな病害である。

畑では土壌水分が比較的少なく，肥料切れ状態で発病しやすい傾向がある。

②周囲への伝染

発病した病斑部に形成された病原菌の分生子が飛散して，第二次伝染が行なわれる。病斑部に多数形成された分生子は，高温，多湿のときに作物体上で容易に発芽して，表皮のクチクラから侵入する。

4｜伝染環の遮断と防除法

①圃場衛生

発病した病斑部に形成された分生子や菌糸で越冬するので，栽培終了後には被害株を抜き取り，地表面に散乱した発病した被害茎，葉などを集めて，土中深く（1m以上）埋めるか焼却する。畑のまわりに放置してはいけない。

②栽培管理

種子は消毒してから播種する。本病の病原菌はナス科作物などに発病するので，畑のまわりに本菌の宿主作物である，ジャガイモ（夏疫病），シュンギク（黒斑病），ピーマン（白星病），ナス（褐斑病）が栽培されていない畑を使用するように十分注意する。

そのほか，密植を避け，茎，葉が過繁茂にならないように管理し，発病した葉は必ず摘葉して焼却する。

トマト栽培では，土壌の水分過剰を避けるとともに，水分不足や肥料切れにならないように，土壌，施肥管理を適切に行なう。

③薬剤防除

初期発生の前から適用薬剤を散布する。多くの有効薬剤があるので，発病期には1週間～10日間おきに防除する。茎，葉の病害に対しては薬剤散布で十分に防除できるので，防除効果が低い場合は，薬剤の選定を誤ったか，散布量が不十分であるとみてよい。

それぞれの作物と病害に適用登録された薬剤を，発病初期から，かけむらのないように十分に散布すれば有効である。

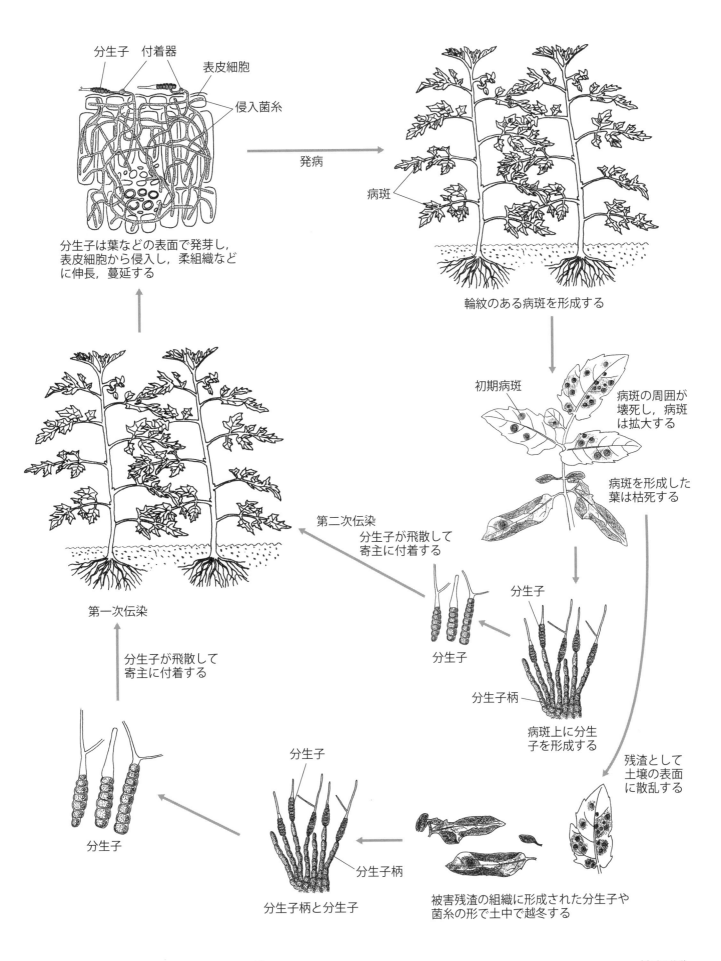

第 35 図　輪紋病の伝染環（トマト輪紋病）　　　　　　　　　　　　　　（米山原図）

害虫編

1 ハスモンヨトウ (*Spodoptera litura*)

1 | 生活環

羽化後2～5日のあいだに，1,000～2,000個の卵を100～600個からなる卵塊として，葉裏などに数回に分けて産下する。卵はやや扁平の球形で直径0.6mm，卵塊は灰褐色の鱗毛で覆われる。卵→1齢幼虫～6齢幼虫→蛹→成虫を経過する。老齢幼虫の体長は40～45mmになり，頭部は淡褐色，体色は灰緑，暗緑，褐色～黒褐色と変化に富む。幼虫の第4環節両側の黒褐色斑紋は，ハスモンヨトウを他種と区別する特徴の一つである。幼虫期間は，25～26℃で15～23日間，蛹期間は25℃で11～13日間である。

成虫は中型の蛾で，体長15～20mm，開長30～38mm。翅は灰褐色で，雄の前翅頂付近から後縁中央まで灰青色の斜めの線状紋が目立つ。雌には線状紋は認められない。高温多湿条件で多く産卵する。

2 | 発生経過

①**発生** 露地では夏から秋に発生し，施設では冬季にも発生する。本種は暖地性の害虫で，関東，東海地方以西での発生が多い。年間世代数は4～6世代，越冬個体数は少ないが，暖冬時やハウスが多い地帯では越冬個体数が多い。

越冬個体は春になり徐々に個体数を増やし，夏以降気温が上昇するにしたがい多発生する。とくに，高温少雨の年に多発する傾向がある。幼虫（老齢）または蛹で越冬し，施設内などの温度が確保される場所であれば，暖地でなくても越冬が可能である。

②**加害様相** 2齢幼虫までは集団で，その後分散して加害する。広食性で，7～9月に高温の年に多発生する傾向があり，通常はほとんど被害のない作物も食害する。

3 | 生活環の遮断と防除方法

①**耕種的防除** 播種後や育苗時に防虫ネットを被覆したり，育苗ハウスの開口部に防虫ネットを展張したりして成虫の侵入を防ぐ。本種の寄生者としては寄生蜂類，寄生蠅類，天敵糸状菌類，核多角体ウイルス等が，捕食者としては鳥類，カエル，クモ類，捕食性蜂類，カマキリなどがあげられる。これらの働きを阻害しない管理を行なう。生物防除資材としてはBT剤がある。

②**薬剤防除** 若齢幼虫は集団で生息していることと，老齢幼虫よりも薬剤感受性が高いことから，薬剤防除は若齢幼虫期に行なうと効果的である。薬剤散布は，葉裏にも薬液が十分のかかるよう，ていねいに行なう。また，可能なかぎり，天敵への影響の小さい薬剤を選択する。

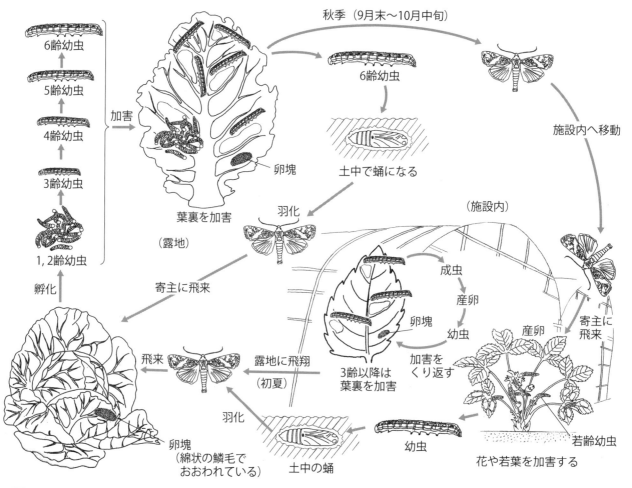

第1図 ハスモンヨトウの生活環と加害（キャベツ，イチゴのハスモンヨトウ）

（根本・米山原図）

2 ヨトウムシ（ヨトウガ） (*Mamestra brassicae*)

1｜生活環

4～5月に第1回成虫が発生して作物に飛来し，葉裏に数十個～数百個を卵塊で産卵する。幼虫は約1カ月で老熟して土中で蛹化し，関東以西の暖地では夏眠する。

8～9月に第2回成虫が発生して作物に産卵する。9～10月に幼虫が発生して作物を加害し，老熟すると土壌中で蛹化し，蛹で越冬する。

2｜発生経過

広食性である。キャベツ，ハクサイ，レタスなどの葉菜類では，卵は外葉の葉裏に卵塊として産みつけられる。そのため，孵化した幼虫は集団で葉裏から食害するので，食害痕はカスリ状になる。

結球前では生育遅延の原因になることがあるが，結球葉までは食害しないため，結球期の被害はあまり大きくない。発育がすすむと分散して食害量も多くなり，結球内部にまで食入するため被害が大きくなる。

葉菜類以外でも葉や新芽を食害するため，被害は大きい。老齢幼虫になると日中は株元や結球葉内などに潜み，夜間にあらわれて作物を食害する。このためヨトウムシ（夜盗虫）と呼ばれる。

秋季の発生量は春季よりも多く，秋季の蛹は土壌中に残るため，翌年の第一次発生源となる。

3｜生活環の遮断と防除方法

①**耕種的防除**　防虫ネットの被覆は，成虫の侵入・産卵の防止効果がある。また，卵塊や集団で生息する若齢幼虫の捕殺も，密度低減に有効である。

②**薬剤防除**　一般的に，若齢幼虫は老齢幼虫よりも薬剤感受性が高いこと，若齢幼虫は集団で生息することから，薬剤防除は若齢幼虫期に行なうのが効果的である。

薬剤散布は，幼虫が生息する葉裏にも十分に薬液がかかるよう，ていねいに行なうことが効果的で重要である。

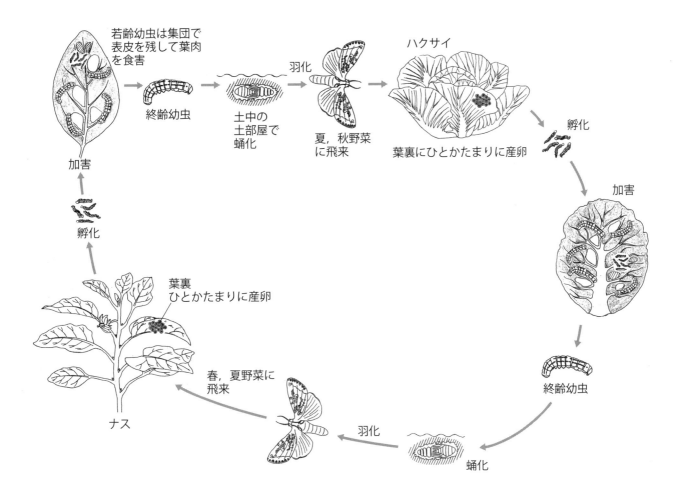

第2図　ヨトウムシ（ヨトウガ）の生活環と加害（ナス，ハクサイ，キュウリなどのヨトウムシ）　　　（上田・米山原図）

3 タバコガ (*Helicovera assulta*)

1 | 生活環

卵は直径約0.4mmの球形で淡黄色。生長点近くの若葉，花蕾，葉の表裏，果実のがく片などに1個ずつ産下される。3～5日で孵化し，孵化幼虫は茎葉を加害して中齢以降に幼果に食入する。ピーマンでは，果実に食入した幼虫は好んで未熟種子を摂食し，次々と他の果実に移動して加害する。終齢（5齢）幼虫は体長約35～40mmになり，淡緑色～黄褐色など変化に富み，気門線は太く淡色である。

蛹の体色は緑黄色～褐色である。成熟した終齢幼虫は果実を脱出し，土中に土窩をつくって蛹化する。

30℃の高温条件で，幼虫期間15～16日，蛹期間11～12日，孵化から羽化まで27～28日である。蛹で越冬する。

成虫は，体長15～17mm，開長27～34mm。後翅の地色は黄色で，翅脈が暗色にならないことでオオタバコガと区別できる。

2 | 発生経過

①発生 野外では年2～4回発生する。第1回成虫は6月中旬，第2回は7月下旬～8月中旬，第3回は8月下旬～9月上旬に発生。蛹は夏眠することがある。蛹で越冬し，9月中旬以降に蛹化した個体はそのまま休眠にはいる。

②加害様相 果菜類などの果実に食入した幼虫は，未熟種子を摂食しながら次々と他の果実に移動して加害する。幼虫期はオオタバコガとの区別は困難だが，本種はナス科だけを加害し，オオタバコガはナス科以外も加害する。

幼虫期間のほとんどを果実内ですごす，成虫が次々と産卵して発生が連続する，蛹が土中に潜入するなどのため，防除のむずかしい害虫である。

3 | 生活環の遮断と防除方法

①耕種的防除 薬剤散布だけでは果実内の幼虫を防除できないので，被害果を徹底的に取り除いて処分することが密度低減に重要である。また，ハウスサイドなどの開口部に防虫ネットを展張して，成虫の侵入を防止する。

寄生蜂類やクモ類など本種の天敵を温存するため，耕種的，物理的防除を積極的に取り入れる。

②薬剤防除 殺虫剤が有効に働くのは，若齢幼虫が果実に食入するまでと，幼虫が果実から脱出して他の果実へ移動するときに限られる。タバココナジラミ，アブラムシ類，アザミウマ類，ハダニ類などに対してカブリダニ類，寄生蜂類などの天敵を使用している圃場では，天敵類への影響の小さい薬剤を選択する必要がある。

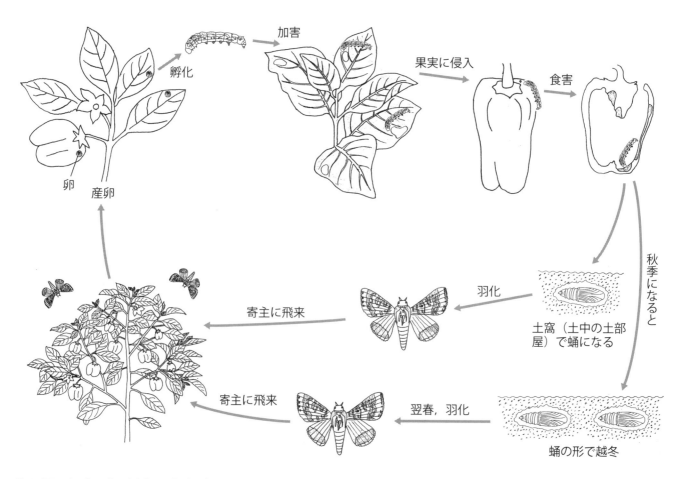

第3図　タバコガの生活環と加害（ピーマンのタバコガ）

（根本・米山原図）

4 タマナギンウワバ （*Autographa nigrisigna*）

1 | 生活環

卵は葉裏に1個ずつ産下され，乳白色を呈し，直径0.6mm，高さ0.4mmの扁平で卵の頂点から下部にかけて放射状に隆起がある。卵は3～5日で孵化し，植物体上で加害する。老齢幼虫は体長35～40mm，体色は黄緑色で，胴部に細い白色波状の背線，側線，気門上線がある。体には白色の刺毛が生え，その基部には黒点がある。

終齢幼虫は，加害植物の葉裏に粗い繭をつくって蛹化する。25℃条件下での卵期間は4日，幼虫期間は13.2日，蛹期間は7.6日である。発育ゼロ点は8℃で，幼虫，蛹，成虫の各態で越冬する。

成虫は，開長34～40mm，前翅は淡灰褐色で，翅の中央には銀灰色でU字型，外側には楕円形の明瞭な紋がある。

2 | 発生経過

①**発生**　山間地や高冷地，冷涼地での発生が多い。年間発生回数は，東北地方で3回，関西以西では4～5回といわれる。

関東以西の平地では，5～6月と9～10月に多く，夏季には少ない。高地などでは夏季に発生が多い。

休眠はなく，暖地では各態で，寒地や高冷地では成虫や蛹態で越冬する。

②**加害様相**　若齢幼虫は，葉裏から食害して表皮のみを残すため，食害痕はカスリ状になる。老齢幼虫の摂食量は多い。

3 | 生活環の遮断と防除方法

①**耕種的防除**　播種後や育苗時に防虫ネットでトンネル被覆を行ない，またハウス開口部に防虫ネットを展張し，成虫の侵入を防ぐ。

圃場の周囲や畦間にバンカープランツとしてシロツメクサを配置し，天敵になるクモ類などを温存できるようにする。

天敵としては，核多角体病ウイルスや寄生者，捕食者がいる。微生物防除資材として，BT剤がある。

②**薬剤防除**　薬剤の選択にあたっては，天敵に対する影響の小さい薬剤を選ぶ。

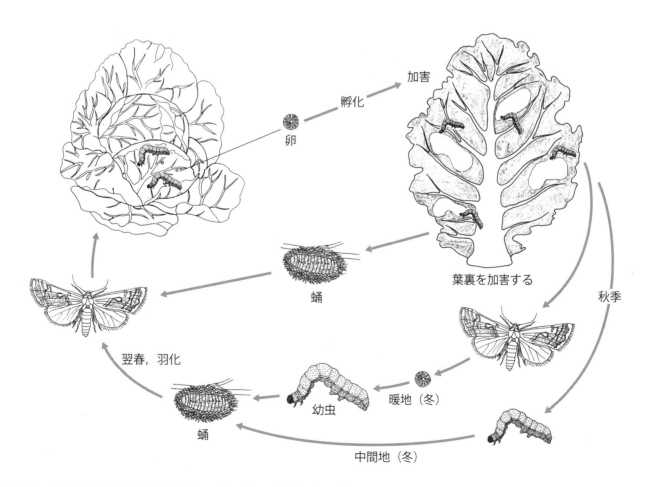

第4図　ウワバ類の生活環と加害（キャベツのタマナギンウワバ）　　　　　　　　（根本・米山原図）

5 ネキリムシ類　(カブラヤガ (Agrotis segetum), タマナヤガ (Agrotis ipsilon))

1｜生活環

カブラヤガは老齢幼虫または蛹で越冬し，東北以北では年2回，関東では3回，西南暖地では4回発生する。

タマナヤガは休眠性がなく，耐寒性が低いことから寒冷地では越冬できず，温暖地から飛来した成虫が発生源となる。

両種の形態，発生生態は似ており，混発することが多い。成虫は4～5月ごろに発生し，雑草や作物の地ぎわの下葉や枯れ葉，または地表に1個ずつ産卵する。

中齢幼虫までは作物の心付近や葉裏などに潜み，日中でも地上部に生息する。中齢以降になると日中は土中に潜み，夜間に作物を食害し，6～7齢を経て土中で蛹化する。

2｜発生経過

①**発生**　被害は春と秋に多く，盛夏期には少ない。圃場に隣接する雑草地や農道などからも幼虫が侵入する。また，放任された圃場での発生が多い。

両種は混発するが，関東，北陸，東北ではタマナヤガが，東海以西の暖地ではカブラヤガが多い。

②**加害様相**　定植後や発芽後間もない柔らかい野菜苗の茎や葉を食害する。地ぎわ付近を食害するため，食害を受けた苗は自立できなくなるか切断される。アブラナ科野菜などでは，茎葉のほか生長点も食害されるため，心止まりになる。幼虫は夜行性で，日中は株近くの土中に潜む。

発生源は圃場に隣接する雑草地の場合が多く，被害は圃場の周縁部から発生することが多い。

3｜生活環の遮断と防除方法

①**耕種的防除**　圃場内や圃場周辺の雑草繁茂は被害を助長するため，これらの除草を徹底するなど，圃場衛生を確保する。

②**薬剤防除**　作付け前の圃場に雑草が繁茂している場合や，前作で被害の多かった圃場では多発する可能性があるので，粒剤型の殺虫剤の土壌混和などによって防除する。

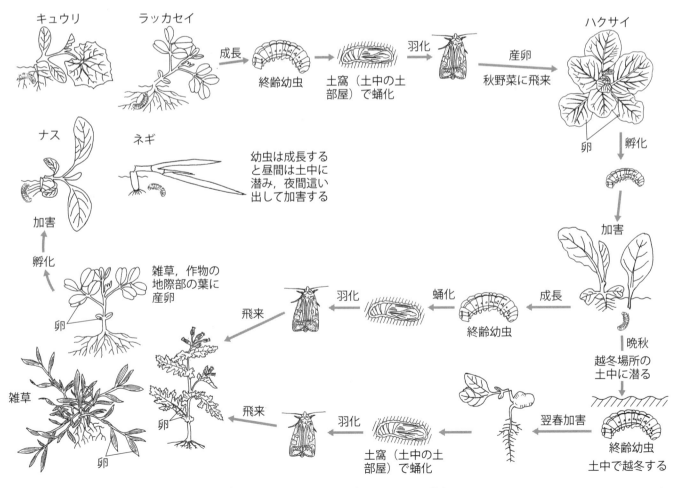

第5図　ネキリムシ類の生活環と加害（ダイコン，キュウリなどのネキリムシ類）

（上田・米山原図）

6 コナガ (*Plutella xylostella*)

1 | 生活環

卵は，葉脈や害虫の食痕に1個，または数個ずつ産みつけられるが，卵塊状に産みつけられることもある。

幼虫は細長い紡錘形で，体色は淡黄緑色～緑色。体長は，1齢幼虫約1mm，2齢幼虫約2mm，3齢幼虫約5mm，4齢幼約10mmである。休眠はせず，卵から成虫までの発育期間は20℃で23日，25℃で16日である。30℃以上では，生存率が低下する。発育零点は8.5℃であるが，系統によって若干異なるものの7～10℃の範囲内である。

雌成虫は，体長10mm，開長12～15mm，体色は淡い黄土色で帯灰色を帯びたり，前翅後縁が帯白色化していて，静止時の閉じた背中が菱形の絞様になるのが特徴である。雄は雌よりやや小型で，背中の菱形の紋様はより明瞭で，この特徴から英名では diamondback moth と呼ばれる。

2 | 発生経過

①**発生** 全国に分布し，北関東以北では夏の一山型，関東以南では春と秋の二山型の発生パターンである。露地では春から秋にかけて発生し，施設では冬にも発生する。

②**加害様相** 幼虫が葉裏から葉表の表皮のみを残して食害するため，薄皮1枚だけが残り白く見える。若齢虫は柔らかい心葉部を好むため，多発時は被害が大きくなる。

3 | 生活環の遮断と防除方法

①**耕種的防除** 大型ハウスなどで収穫時期を少しずつずらして，アブラナ科作物を周年栽培すると，コナガの生活環がとぎれることなく維持され被害が大きくなる。地域でアブラナ科作物を作付けしない時期を設けられれば密度低減につながる。播種後や育苗時に防虫ネットでトンネル被覆を行なったり，ハウスの開口部に防虫ネットを展張したりして，ハウス内への成虫の侵入を防ぐ。

畑の周囲や畦間にシロツメクサをバンカープランツとして配置すると，コナガを捕食するクモ類やゴミムシ類，寄生蜂類を温存できる。コナガサムライコマユバチは有力な天敵（寄生者）である。しかし，コナガが終齢幼虫になるまで寄生しつづけるため，コナガの次世代の個体数を減らす効果はあるが，当該作の被害を軽減する効果は低い。

有力な補食性天敵にはクモ類やゴミムシ類などがある。

②**薬剤防除** 近年，チョウ目害虫に卓効を示すジアミド系殺虫剤に対する抵抗性個体が蔓延しているので，他の有効な系統の薬剤と組み合わせて防除する。可能な限り，天敵に対する影響の小さい薬剤を選択する。

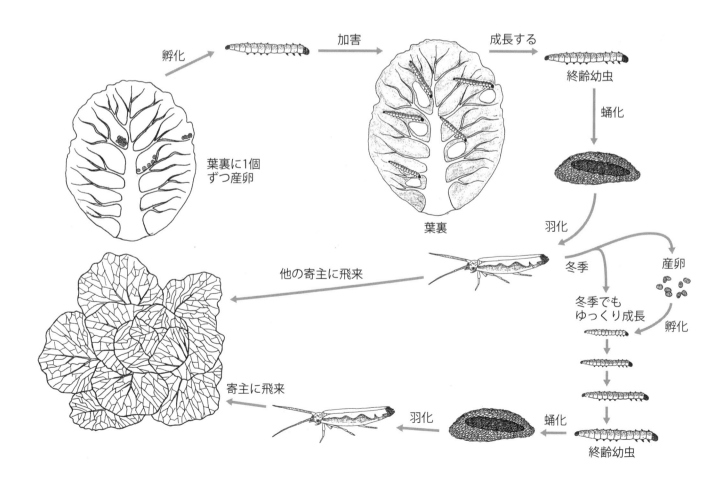

第6図 コナガの生活環と加害（キャベツのコナガ）

（根本・米山原図）

7 アワノメイガ (*Ostrinia furnacalis*)

1│生活環

卵は白濁色で扁平な長円形をしていて，葉裏に卵塊として産みつけられる。孵化幼虫は，葉や茎部を食害する。老齢幼虫は体長25mmで淡灰色～淡灰黄色である。幼虫はやがて茎内に蛹室をつくって蛹化する。

雌成虫は，体長11mm，翅は淡黄色～淡黄褐色で，不規則な波状の紋をもっている。

老齢幼虫が刈り株などで越冬する。

2│発生経過

①**発生** 全国に分布し，東北や北海道では7～8月に1世代を，関東以西の暖地では5～9月にかけて3～4世代を経過する。幼虫で越冬し，翌春に越冬場所で蛹化する。

②**加害様相** トウモロコシでは，孵化幼虫は葉や雄穂を食害し，茎内を食いすすみ，雌穂内に到達して子実を食害する。

3│生活環の遮断と防除方法

①**耕種的防除** 穂が出そろった約10日後に，雄穂を切除して雌穂への幼虫の侵入を阻止する。

越冬虫が潜んでいると思われる被害作物は，土中に埋めるなどして処理する。

また，雄穂が出そろったときに雄穂を切除し，土中に埋めるなどして処理すると被害を軽減できる。

ソルゴーでは，茎の太い品種で被害が大きいので，細めの品種を選択するとよい。

関東地方のトウモロコシでは，播種期が早いと被害が小さく，遅いと被害が大きい傾向があるので，播種期を調整する。

天敵には，メアカタマゴバチなどのタマゴバチ類がいる。

②**薬剤防除** 幼虫が茎や雌穂内にいて加害するため，被害が出てから薬剤を散布しても効果が上がらない。雄穂がそろったときに防除する。

また，可能なかぎり，天敵に対する影響の小さい薬剤を選択する。

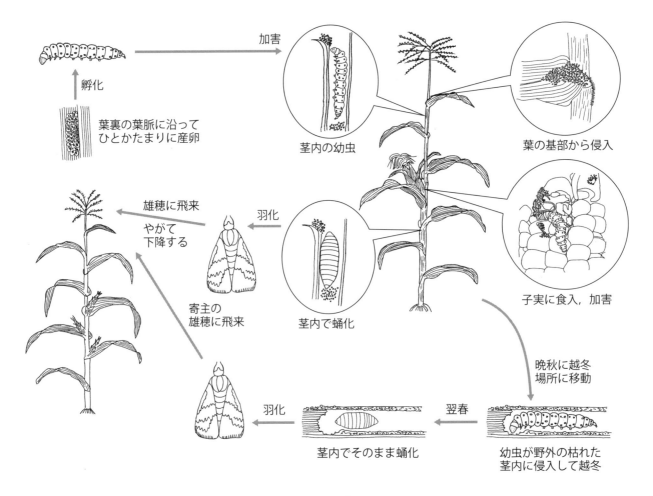

第7図 メイガ類の生活環と加害（トウモロコシのアワノメイガ）　　　　　　　（根本・米山原図）

8 アオムシ（モンシロチョウ） (*Pieris rapae*)

1｜生活環

成虫は，昼間に交尾・産卵を行なう。アブラナ科野菜の葉裏に直径0.4mm，高さ0.8mmの紡錘形をした卵を1個ずつ産みつける。食草の多くはアブラナ科植物であるが，クレオメ，セイヨウフウチョウソウなども食草になる。幼虫の体色は全期間を通して緑色で，5齢を経過する。終齢幼虫は，作物体や枯れ草などに胸部を糸で固定して蛹化する。

2｜発生経過

①**発生** 暖地では年7～8回，寒冷地では年2～3回発生する。北海道などを除く平地では，春に発生が多く，夏は気温の上昇と食草の減少にともなって個体数が減少し，秋に再び多くなるものの春ほど多発しない。これに対して北海道や高冷地では，夏季に個体数が増加する。鹿児島県，高知県などの暖地では2月初旬から，関西から関東では3月から，北海道では5月から成虫の発生がみられる。

近縁種であるスジグロシロチョウの国内の分布域は，本種とほぼ同じであるが，本種は日当たりがよい環境を好むのに対し，スジグロシロチョウは林縁部に生息する。

②**加害様相** 若齢幼虫は摂食量が少なく目立たないが，4齢以降の老齢幼虫は摂食量が多く被害を引き起こす。平地では，春の多発時の被害が大きくなる傾向がある。被害作物周辺に吸蜜に適した植物が多いと，被害が大きくなる。

3｜生活環の遮断と防除方法

①**耕種的防除** キャベツなどのアブラナ科作物が周年栽培されていると生活環が維持されるので，地域でアブラナ科野菜類をつくらない時期を設定できると生活環を遮断できる。播種後や育苗時に防虫ネットで被覆したり，ハウスの開口部に防虫ネットを展張したりして，成虫のハウス内への侵入を防ぐ。畑の周辺に吸蜜源となる広葉雑草があると産卵数が多くなるので，それらを除草する。モンシロチョウは，日当たりのよいよく見通せる圃場を好むので，畑の周囲にトウモロコシやソルゴーを配置するとよい。

アオムシコマユバチは，夏季にモンシロチョウの個体数を減らす有力な天敵である。しかし，モンシロチョウが終齢幼虫になるまで寄生しつづけるため，次世代の個体数を減らす効果はあっても，当該作の被害を軽減する効果は低い。有力な補食性天敵はクモ類やゴミムシ類などである。

②**薬剤防除** 他のチョウ目害虫に比べ薬剤に対する感受性が高いため，防除薬剤の選択肢は多い。可能な限り，天敵に対する影響の小さい薬剤を選択する。

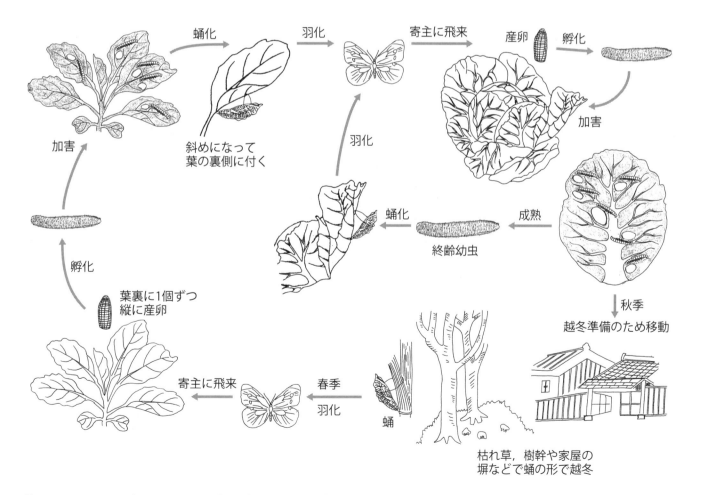

第8図　アオムシ（モンシロチョウ）の生活環と加害（キャベツのアオムシ）　　　　（根本・米山原図）

9 ドウガネブイブイ (*Anomala cuprea*)

1 | 生活環

羽化した成虫は6～7月ごろに出現し，ダイズ，インゲンなどのマメ科作物やブドウ，クリ，キウイフルーツ，カキ，ウメ，バラ，イヌマキなどの果樹や樹木の，おもに新葉を食害する。成虫は，日没後に圃場に飛来し，深さ10～20cmの土壌中に産卵する。圃場に未熟な有機物が投入されていると，それに誘引されて集中的に産卵されることが多い。

幼虫は，2～3齢になる8～9月ごろに摂食活動が活発になり，晩秋には土壌の深い部分に移動して越冬する。

2 | 発生経過

①発生　土壌中で孵化した幼虫は，若齢のうちはおもに土壌中の有機物を摂食して成長し，2～3齢幼虫になる8～9月ごろに作物の根を活発に食害する。11月ごろになると摂食をやめ，しだいに土壌中の深い部位に移動して越冬する。火山灰土壌のように水はけがよく膨軟な土壌に発生が多い。

多発した圃場には，多数の幼虫が越冬して翌年の発生源になる。また，未熟有機物の多投入や周辺に成虫の餌植物が多い圃場では発生が多くなる。

②加害様相　成虫は，前述のマメ科作物や果樹，樹木の葉を網目状に食害するが，硬くなった葉は好まないので食べつくすことはない。成虫は特定の樹木や場所に集中する傾向がある。

2～3齢の幼虫はイチゴ，レタス，ハクサイなどの根を食害して枯死させ，ラッカセイでは土壌中の未成熟子実を殻ごと食害し，根まで食害して収穫皆無になることもある。サツマイモやサトイモでは，イモの表面を帯状にかじり，被害痕が残って品質低下の原因になる。

3 | 生活環の遮断と防除方法

①耕種的防除　未熟有機物の多量施用や，青刈作物をすき込むと，コガネムシ類の産卵を誘引して多発生の原因になるので避ける。発生予察用のフェロモントラップを設置することによって，成虫の発生を知ることができる。

サツマイモでは，表皮が赤い青果用の品種（ベニアズマ，紅赤など）は加害されやすく，加工・原料用の品種（シロサツマ，タマユタカ，ミナミユタカなど）は加害されにくい。早掘りで被害を回避できる。

②薬剤防除　成虫の防除対策として，1週間間隔で2～3回薬剤散布を行なう。幼虫による被害発生が予想される場合は，作付け前に殺虫剤の土壌混和処理を行なう。

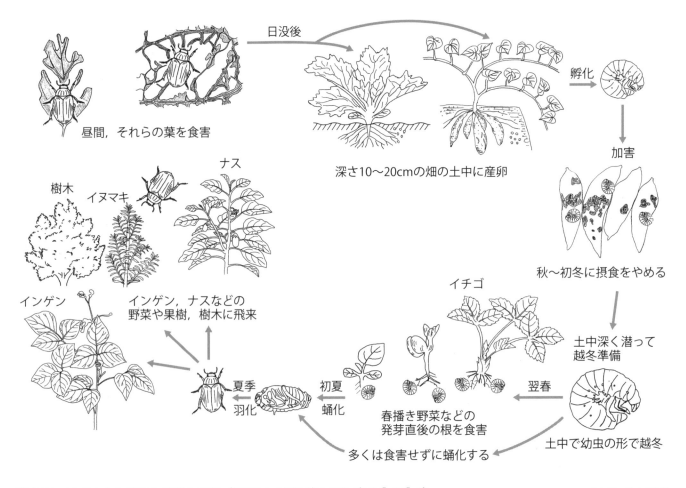

第9図　コガネムシ類の生活環と加害（サツマイモなどのドウガネブイブイ）　（上田・米山原図）

10 ウリハムシ (*Aulacophora feoralis*)

1 | 生活環

ウリ科作物の株ぎわの土中に産卵する。卵は粟粒ほどの大きさで，黄色を呈する。1頭の雌は約500個の卵を生みつづける。

孵化した幼虫は細い根を食害して成長する。老齢幼虫は体長約1cm，体色は淡黄白色で頭部が褐色の円筒形をしたウジのようである。各態の期間は，卵10～20日，幼虫25～30日，蛹8～10日である。

成虫は体長5.6～7.3mmで，体色は背面が橙黄色，腹面が黒色，前肢は赤褐色で，脛跗節はやや暗色，中後肢は黒色，触角は端部が暗色である。両眼の間には横溝がある。

2 | 発生経過

①**発生** 成虫は4月ごろから発生し，4～5月にソラマメ，インゲン，ハクサイ，ダイコンなどの葉を食害する。6月以降ウリ科植物が植え付けられると，株ぎわの土中に産卵する。

新成虫は7～8月に出現して葉を食害する。宿根アスターでは，花弁ばかりでなく茎も食害される。茎を食害されると，加害部位を中心に変形をおこすことがある。

一部を除き，年1回の発生で，越冬成虫は平均気温が17℃前後になる4～5月ごろに活動を始め，成虫は葉に不規則な穴をあけて食害する。秋深くなり気温が15～16℃になると，成虫はウリ科作物から越冬地へ移動する。

②**加害様相** ウリ類の重要害虫で，成虫は葉や花，茎を，幼虫は根を食害する。根を食害されると，日中に萎凋して夕方回復するというパターンをくり返し，ついには枯死する。被害株の根の細根を食べつくし，主根は幼虫の食害によりスポンジ状になる。

3 | 生活環の遮断と防除方法

①**耕種的防除** 成虫を発見したら捕殺する。被害作物周辺のウリ科雑草を除草し，発生源を除去する。

②**薬剤防除** 発生時に薬剤防除を実施する。登録農薬のある作物では，幼虫に対する株元灌注や植え付け時の粒剤の土壌処理も有効である。可能なかぎり，天敵に対する影響の小さい薬剤を選択する。

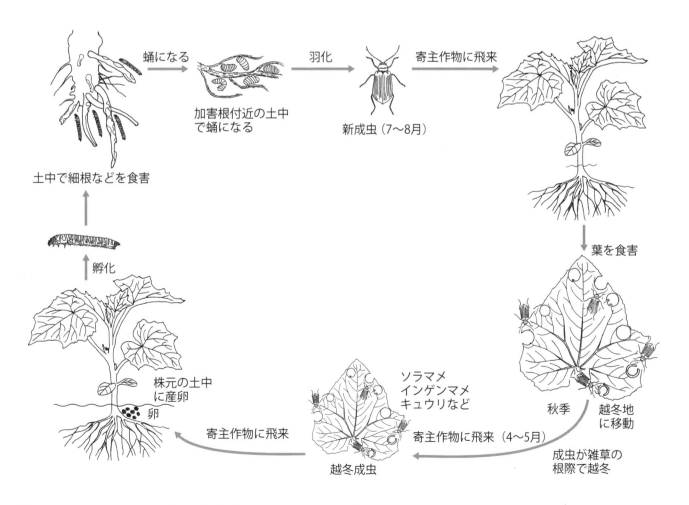

第10図 ウリハムシの生活環と加害（キュウリのウリハムシ） （根本・米山原図）

11 ヤサイゾウムシ （*Listoderes costirostris*）

1｜生活環

日本や北米では雌のみが確認されていて，単為生殖を行なう。秋から春にかけて産卵しつづけ，1雌が1,000個以上の卵を産む。

孵化した幼虫は，植物を加害しながら成長する。幼虫には脚がなく，終齢幼虫は乳白色または淡緑色を呈し，体長は12～14mm。4～5月に土中で蛹化する。成虫は体長9mm，幅4mmの中型のゾウムシである。

全体にくすんだ灰褐色であり，さや翅の後ろに淡灰色のV字形の斑紋がある。この紋の後ろには，1対の小突起がある。

2｜発生経過

①**発生** 年1回の発生で，5～6月に新成虫が羽化し，羽化した成虫は産卵せずに夏眠する。冬は成虫が産卵しつづけ，孵化した幼虫は休眠せずに発育する。このため，冬季には幼虫と成虫が混在する。幼虫は春に蛹化して成虫になる。

②**加害様相** 幼虫は葉裏や心芽を食害し，キャベツの幼苗は心止まりとなる。ハクサイやダイコンでは心芽が食われて生育が止まる。

しかし，発生，加害は散発的で，侵入当初に心配したほどの重要害虫にはなっていない。薬剤感受性が高いので，他の害虫の防除のときに同時防除されていると考えられる。

3｜生活環の遮断と防除方法

①**耕種的防除** とくになし。

②**薬剤防除** 発生時にゾウムシ類および作物に適用のある薬剤を散布する。

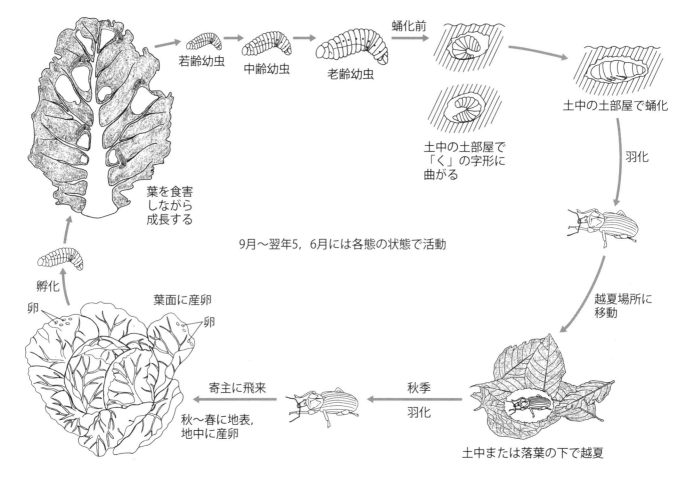

第11図　ヤサイゾウムシの生活環と加害（キャベツのヤサイゾウムシ）　　　　（根本・米山原図）

12 ワタアブラムシ （*Aphis gossyppii*）

1 | 生活環

ワタアブラムシは，多くのバイオタイプに分化していて，代表的なものとして両性生殖を行なわないもの，無性生殖する不完全生活環と受精卵を産み越冬する完全生活環をあわせもつものなどがある。

また，ナスで増殖する系統はウリ科では増殖せず，ウリ科で増加する系統はナスでは増殖しないことが知られている。両系統とも，ナズナやオオイヌノフグリなどの雑草で越冬する，不完全生活環である。形態的な変異が大きい。

2 | 発生経過

①発生　露地では，早春から秋にかけて発生する。施設栽培では，越冬卵が4月に孵化して幹母となる。幹母は，受精卵から孵化した最初の胎生雌虫のことで，次世代以降の胎生雌虫と形態が異なることが多い。また，幹母から産まれる次世代の胎生雌虫を幹子と呼ぶ。

夏のあいだ多くの中間寄主である草本植物に寄生して無性世代をくり返し，11月ごろ産虫が出現して冬寄主に移動し，両性世代に移行して産卵雌虫（両性雌）が産卵し，卵態で越冬する。

②加害様相　本種は新梢，新葉，花などを吸汁加害するため，作物の生育が著しく抑制される。本種は，キュウリモザイクウイルスやカボチャモザイクウイルスなどのウイルス病の病原ウイルスの媒介者でもある。

3 | 生活環の遮断と防除方法

①耕種的防除　播種後や育苗時に防虫ネットでトンネル被覆したり，ハウスの開口部に防虫ネットを展張したりして成虫のハウス内への侵入を防ぐ。シルバーマルチ，反射テープなどの光反射資材を利用して侵入・定着を防ぐ。

寄生者にはアブラバチ類やアブラコバチ類，捕食者にはヒラタアブ，クサカゲロウ，テントウムシ，ヒメハナカメムシ，ショクガタマバエなどがいる。これら天敵の温存には，バンカープランツとしてトウモロコシ，コムギ，ソルゴーやシロツメクサなどを圃場周縁部に配置するとよい。

②薬剤防除　登録にしたがい定植時に粒剤を処理すると，本種を含めた初期害虫の抑制に有効である。アブラムシ類に対してネオニコチノイド系殺虫剤が有効であるが，近年，本種では抵抗性を発達させた個体群が出現していることから，効果不十分な場合はネオニコチノイド系剤の使用を控える。可能な限り，天敵に対する影響の小さい薬剤を選択する。

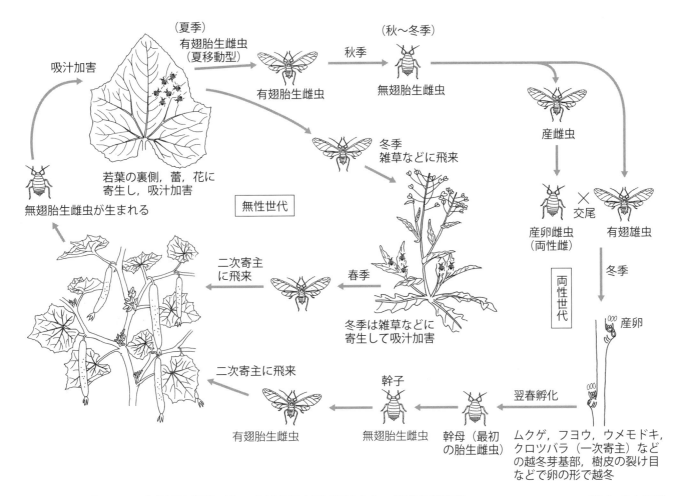

第12図　アブラムシの生活環と加害（キュウリのワタアブラムシ）―完全生活環型

（根本・米山原図）

13 ダイコンアブラムシ (Brevicoryne brassicae)

1 | 生活環

春にアブラナやキャベツに群生し、花穂、茎、葉裏などに大きなコロニーを形成する。

関東以西では、キャベツなどの葉上で無翅胎生雌虫の形で越冬する。北海道などの寒冷地では、卵態で越冬することが多い。

2 | 発生経過

①発生　3月ごろから徐々に密度を上げ、5月上中旬にピークに達する。その後、6月以降気温の上昇とともに個体群密度は減少する。関東以西では秋の発生は少ないが、北海道では7月下旬～9月上旬にピークになる。

25～30℃の高温条件下では、有翅胎生雌虫の産出が阻害される。

②加害様相　寄生を受けたアブラナ科野菜は、生長が悪くなり品質が低下する。

本種は、キャベツで急速に個体数が増え、葉の間隙に潜り込んで商品価値を損なう。

3 | 生活環の遮断と防除方法

①耕種的防除　播種後や育苗時に、防虫ネットでトンネル被覆する。シルバーマルチや反射テープなどの反射資材を設置し、侵入・定着を防ぐ。成虫の飛来を防ぐため、圃場の周囲にトウモロコシやソルゴーを配置するとよい。

アブラバチ、テントウムシ、ヒラタアブ、ゴミムシ類などが天敵として知られる。圃場の周囲にトウモロコシやソルゴー、コムギ、シロツメクサをバンカープランツとして配置すると、天敵に餌やすみかを提供できる。

②薬剤防除　本種は、ネオニコチノイド系剤に対する抵抗性個体群が確認されていないため、有効薬剤は多い。可能な限り、天敵に対する影響の小さい薬剤を選択する。

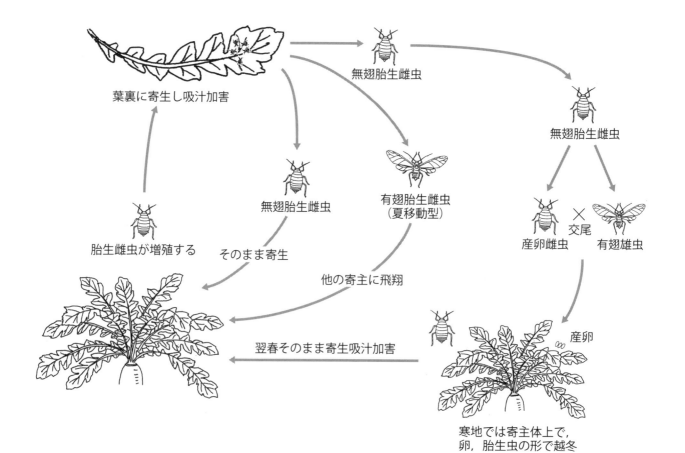

第13図　アブラムシの生活環と加害（ダイコンのダイコンアブラムシ）　　　　（根本・米山原図）

14 オンシツコナジラミ　(*Trialeurodes vaporariorum*)

1 | 生活環

交尾するとその子が雌または雄となる両性生殖と，交尾しなかった場合に雄のみを産出する産雄単為生殖を行なう。

卵→1齢幼虫→2齢幼虫→3齢幼虫→4齢幼虫→成虫を経過する。卵は紡錘形で，株上部の新葉裏面に馬蹄形に並べて産卵される。産後1～2日すると，淡褐色であったものが黒く変化する。孵化幼虫は，吸汁場所に移動して固着する。1～3齢幼虫までは体長が0.3～0.51mmで，扁平である。4齢幼虫は0.73mmほどで，全体として白っぽく，刺毛状のロウ物質が目立つなどの特徴がある。雌成虫は，体長1.1mm，体表は白いロウ物質で覆われる。

卵から成虫が羽化するまでの期間は，26℃で20日，22℃で26日，20℃で28日，18℃で34日，16℃で43日，14℃で52日であり，18℃以上になると大幅に短くなる。

2 | 発生経過

①**発生**　施設の害虫として重要であり，夏季には露地栽培の野菜などでも増殖する。野菜類に発生するコナジラミは本種かシルバーリーフコナジラミの場合が多い。成虫が静止したときの翅は，オンシツコナジラミでは重なっているのに対し，シルバーリーフコナジラミでは重ならずに両翅のあいだにすき間が生じる。また，オンシツコナジラミの体色が幼虫，成虫とも白っぽいのに対し，シルバーリーフコナジラミでは黄色っぽい。

②**加害様相**　本種は，キュウリやメロンの黄化病ウイルス（BPYV）やウリ類退緑黄化病ウイルス（CCYV）の媒介者になっている。直接的な被害としては，吸汁や排泄物に発生するすす病による生育不良があげられる。また，ススによる汚れで商品価値を大きく損なう。

3 | 生活環の遮断と防除方法

①**耕種的防除**　ハウスサイドなどの開口部に，0.4mm目合いの防虫ネットを設置すると，成虫のハウス内への侵入防止に有効である。また，黄色に誘引される性質があるので，黄色粘着トラップの設置は密度低減に有効である。ハウスへの紫外線除去フィルムの設置も有効である。

本種に対しては，カブリダニ類や天敵糸状菌などの生物農薬が登録されている。

②**薬剤防除**　卓効を示す薬剤が複数登録されており，播種時，定植時の粒剤の土壌混和，生育期の薬剤散布など，発生状況に応じて登録農薬を選択する。葉裏に生息するので，薬剤散布は薬液が葉裏にもよくかかるように行なう。

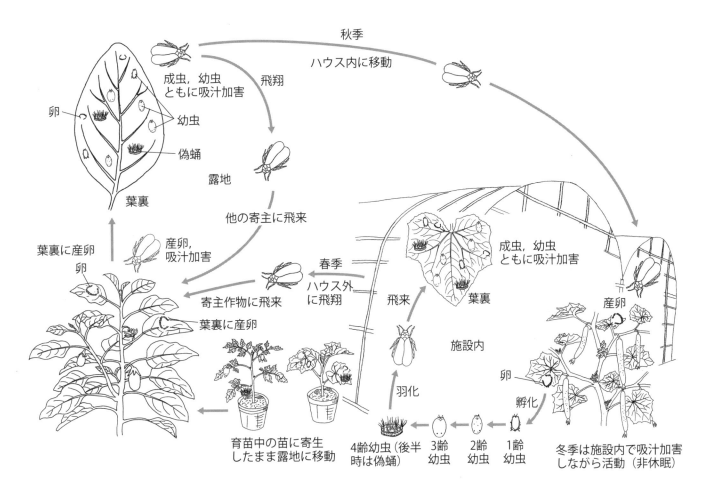

第14図　オンシツコナジラミの生活環と加害（ナス，キュウリなどのオンシツコナジラミ）

（根本・米山原図）

15 ミナミキイロアザミウマ (*Thrips palmi*)

1│生活環

交尾するとその子は雌または雄になる両性生殖と，未交尾虫から雄のみを産出する産雄単為生殖を行なう。卵は，作物の組織内に産みつけられる。

卵→1齢幼虫→2齢幼虫→第1蛹→第2蛹→成虫を経過するが，卵から2齢幼虫までは植物体上で活動し，成熟した2齢幼虫は落下して，落葉下や地表面から2～3cmの地中で蛹化する。卵から羽化までの期間は，15℃で45日，20℃で25日，25℃で14日，30℃で11日である。気温が高くなると，発育速度が速くなる。

2│発生経過

①**発生** 加温施設の害虫として重要であり，通年発生する。施設で越冬したアザミウマは，夏季には露地栽培の野菜などでも増殖する。

②**加害様相** ナス科やウリ科作物で被害が大きく，ナスでは食害痕が葉の葉脈に沿って銀白色となり，被害が広がるとともに葉全体に広がる。果実では，へた内部に潜り込んだ成・幼虫の加害により，カサブタ状の食害痕を生じて著しく商品価値を損なう。

ピーマンでは，新葉の伸長が悪くなり，果実にもカサブタ状の被害が出る。キュウリでは，果実にカサブタ状の食害痕を生じ，著しく商品価値を損なう。

3│生活環の遮断と防除方法

①**耕種的防除** 播種後や育苗時に，防虫ネットでトンネル被覆を行なったり，ハウス開口部に防虫ネットを展張したりして成虫の飛来を防ぐ。

露地栽培では，成虫の飛来を軽減するため，圃場の周囲にトウモロコシやソルゴーを配置したり，圃場の周囲や畝間にシロツメクサをバンカープランツとして配置するとよい。施設では，紫外線除去フィルムを被覆すると，成虫の侵入抑制につながる。また，施設では，スワルスキーカブリダニなどの生物農薬が利用できる。

②**薬剤防除** 近年，本種の薬剤感受性が全国的に低下してきており，有効薬剤が少ない傾向にある。前述の耕種的防除法を積極的に取り入れたうえで，有効な薬剤による防除を実施することが重要である。薬剤は，葉裏にもよくかかるよう，ていねいに散布する。

また，本種に対して天敵を使用する場合は，天敵に対する影響の小さい薬剤を選択する。

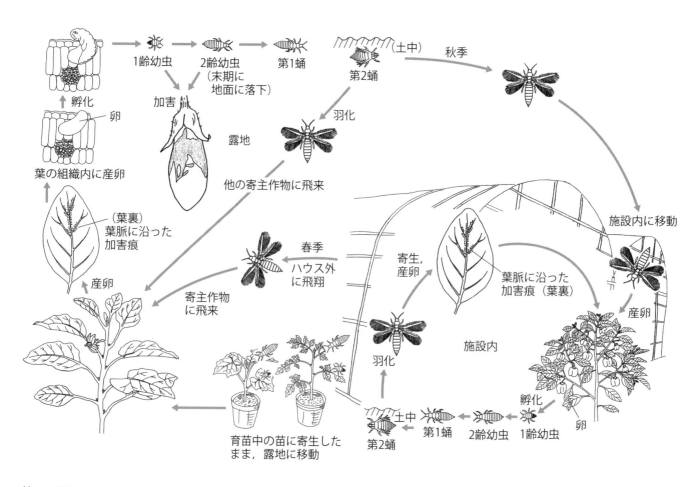

第15図　ミナミキイロアザミウマの生活環と加害（ピーマン，ナスのミナミキイロアザミウマ）

（根本・米山原図）

16 カブラハバチ (*Athalia rosae*)

1 | 生活環

葉縁部の葉裏の組織内に1個ずつ産卵し，1雌の総産卵数は50〜60個にもなる。幼虫は葉を摂食し，雌は卵→1齢幼虫→2齢幼虫→3齢幼虫→4齢幼虫→5齢幼虫→6齢幼虫→蛹→成虫と経過するが，雄は5齢を経て蛹となる。

幼虫は，1〜2齢が灰色，3齢以降は青みを帯びた黒，終齢幼虫は紫藍色となる。雌となる幼虫は6齢まで，雄となる幼虫は5齢まで成長して蛹になる。終齢幼虫の体長は12〜20mmになり，やがて土中の長円形の土部屋内に繭をつくり蛹となる。卵と幼虫を合わせた発育期間は，20℃で20日を要する。繭の時期から羽化までの期間は，約17日である。成虫は体長約7mmで，頭部，触角，翅は黒色で，腹部が橙色である。脚の脛節は先端付近が黒色である。

国内には，カブラハバチ，セグロカブラハバチ，ニホンカブラハバチの3種がいて，3種とも同様の生活環である。3種は，3齢以降の幼虫の体側の黒斑と胸部背面の小突起の有無により区別できる。カブラハバチには，黒斑と胸部背面の小突起の両方がなく，セグロカブラハバチの体側には黒斑があり，ニホンカブラハバチは胸部背面に小突起がある。20℃での卵と幼虫合計の発育期間は，それぞれおよそカブラハバチが20日，セグロカブラハバチが22日，ニホンカブラハバナが27日である。3種とも，体のまわりに土を固めた繭の中で前蛹態で越冬する。ニホンカブラハバチは，夏季にも土中の繭の中で休眠して越夏する。

2 | 発生経過

①**発生** カブラハバチとセグロカブラハバチは，4月下旬から11月下旬まで発生し，3〜6世代をくり返す。平野部では春と秋に発生が多くなるが，中山間部など冷涼な地域では夏に多く発生する。ニホンカブラハバチは年2化で，春と秋にそれぞれ1回ずつ発生するが，前2種とは異なり中山間部でも春と秋にそれぞれ1回ずつ発生する。

②**加害様相** 若齢幼虫は裏側から摂食し，老齢幼虫は摂食量が多い。家庭菜園や無農薬栽培で発生が多い。

3 | 生活環の遮断と防除方法

①**耕種的防除** 登録農薬が少ないアブラナ科作物では，播種後や育苗時に防虫ネットのトンネル被覆や，ハウス開口部に防虫ネットの展張で成虫の飛来を防ぐ。柔らかい葉に好んで産卵するので，軟弱徒長させないよう管理する。

②**薬剤防除** 幼虫をみつけたら，薬剤散布をする。また，可能な限り天敵に対する影響の小さい薬剤を選択する。

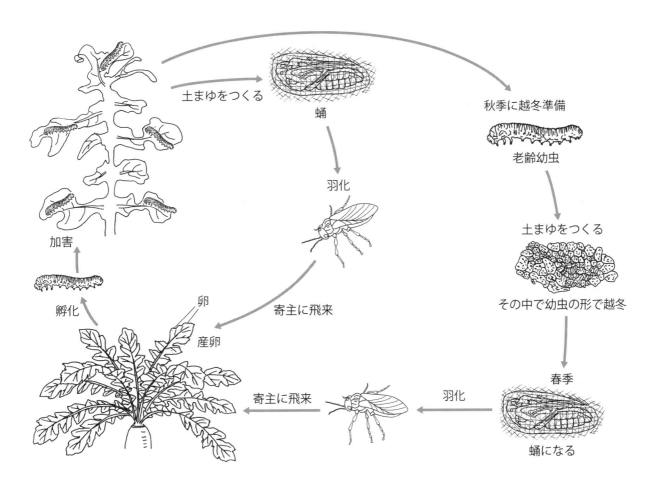

第16図　カブラハバチの生活環と加害（ダイコンのカブラハバチ）　　（根本・米山原図）

17 マメハモグリバエ (*Liriomyza trifolii*)

1｜生活環

卵は表皮直下に産みつけられ，長径0.2～0.3mmでくすんだ白色である。雌1頭が産下する卵数は，15℃では25個であるのに対し，30℃では400個である。植物の種類によってもちがい，エンドウマメでは490個近くであるのに対し，キクでは640個近く産卵した例がある。

卵→1齢幼虫→2齢幼虫→3齢幼虫→蛹→成虫を経過する。成熟した幼虫は3mm程度で，黄色～橙色である。成虫は小型で，体長1.3～2.3mm，体色は黒色の地色に黄色が混じる。卵から羽化までの期間は，15℃で48.1日，20℃で24.6日，25℃で16.8日，30℃で13.5日であった。30℃以上では，卵から蛹までの死亡率が高い。

2｜発生経過

①**発生** 施設，とくに加温施設の害虫として重要で，通年発生する。施設で越冬したマメハモグリバエは，夏季には露地栽培の野菜でも増殖する。

②**加害様相** 本種は，幼虫が葉肉内に侵入して葉肉を食害しながら進むため，葉の表皮だけを残して不規則な食害痕が白いトンネル状に残る。近縁種のナスハモグリバエは蛹化するとき幼虫が葉裏から脱出することが多いが，本種は葉表から脱出することが多い。窒素過多で産卵が増える傾向がある。

国内では，本種が属する*Liriomyza*属のハモグリバエ類には，本種のほかネギハモグリバエ，ナスハモグリバエ，ヨメナジハモグリバエ，トマトハモグリバエ，アシグロハモグリバエなど8種がいる。本種のほか，トマトハモグリバエおよびアシグロハモグリバエは海外からの侵入害虫である。

3｜生活環の遮断と防除方法

①**耕種的防除** 播種後や育苗時に防虫ネットでトンネル被覆したり，ハウス開口部に防虫ネットを展張したりして，成虫のハウス内への侵入を防ぐ。施設では，ハモグリコマユバチやイサエアヒメコバチが天敵資材として利用できる。

②**薬剤防除** 幼虫の食害痕発生初期に薬剤防除を行なう。寄生蜂などの土着天敵の温存や，天敵資材の効果を落とさないため，可能な限り天敵への影響の小さい薬剤を選択する。

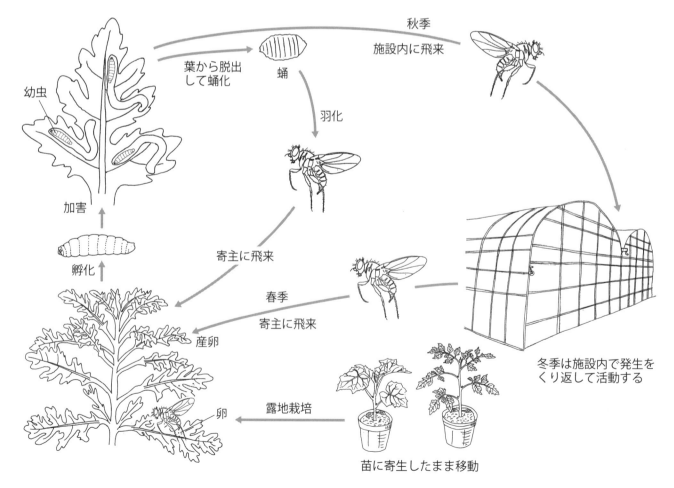

第17図 マメハモグリバエの生活環と加害（シュンギクのマメハモグリバエ）

（根本・米山原図）

18 タネバエ (*Delia platura*)

1｜生活環

寒冷地では蛹で越冬するが，温暖地では卵，幼虫，蛹，成虫のいずれでも越冬する。北日本では4月ごろから成虫が発生し，10月ごろまでに4～5回発生する。温暖地では3月ごろから12月ごろまで5～6回発生するが，20℃前後の低温を好むので夏季高温期の発生は少ない。したがって，北海道では夏に発生が多く，九州では初夏と秋の発生が多い。

成虫は，湿り気のある土壌のすき間に数百個の卵を産みつけるが，鶏糞，堆肥，油かす，魚粉などの有機物を施用した圃場での産卵が多い。卵は数日のうちに孵化し，幼虫は土壌中に潜って有機物や植物の地下部位を餌として成長し，3齢を経て約10～20日で蛹になり，さらに約1～2週間で成虫になる。

2｜発生経過

①**発生** 前年の秋に多発した圃場や，有機物を施用した圃場には越冬虫が多く生息しており，翌年の第一次発生源になる。湿り気のある圃場や有機物を施用した圃場に好んで生息し，土壌中の有機物や作物などの種子，苗を餌にして成長し，世代をくり返す。

②**加害様相** 幼虫がアブラナ科やマメ科などの種子や，発芽まもない幼植物を食害するため，発芽不良や立ち枯れになって欠株になる。ダイコンなどの根菜類では，生育初期に主根が食害されることによって岐根になる。また，肥大初期に根部に食入すると，品質低下の原因になる。ウリ科やマメ科など育苗後に定植する野菜であっても，定植した苗の根ぎわを食害されるために生育不良や立ち枯れになる。

3｜生活環の遮断と防除方法

①**栽培管理** 成虫は，鶏糞，魚粉，油かす，未熟有機物等の臭気に誘引される。このため，完熟した有機物を使用するとともに，これらの有機物はあらかじめ数週間以上前に圃場に施用しておき，栽培直前の施用を避ける。防虫ネットの被覆は，成虫の侵入と産卵の防止に有効である。

②**薬剤防除** 薬剤のみによる防除は困難であるが，発生が予想される場合には，登録にしたがい土壌処理剤などを使用する。

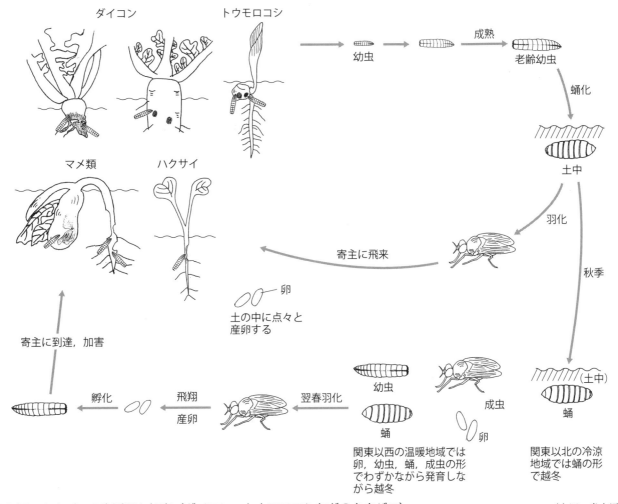

第18図　タネバエの生活環と加害（ダイコン，トウモロコシなどのタネバエ）　　　　　（上田・米山原図）

19 オンブバッタ (*Atractomorpha lata*)

1｜生活環

卵態で越冬し，5～6月ごろに孵化し，孵化後の幼虫は6～7月に若齢幼虫，7月下旬以降に中齢，9月以降に成虫になる。このころになると，雌成虫の背に雄成虫がおぶさっている姿を目にする。卵は，10月下旬に土中に産下され，卵塊で越冬する。発生適温は25～30℃である。

雌成虫は体長42mm内外，体色は灰褐色または褐色である。雄は雌に比べて小さく，25mm内外である。後翅の基部半分は黄色である。

基部半分が紅色のものはアカハネオンブバッタ（*A. psittacina*）で，日本産オンブバッタは*Atractomorpha*属の1属2種からなる。オンブバッタ科をバッタ科と区別する特徴は，背面から見たときに頭頂突起に縦の溝があることである。

2｜発生経過

①**発生** 年1回の発生で，夏から秋に発生する。6月ごろに孵化した幼虫は集合して食害するが，徐々に分散する。6～7月の若齢幼虫期には，幼虫が葉の表面をなめるように食害する。10月下旬に産卵する。

周辺に雑草が多い庭や家庭菜園で発生しやすい。活動は鈍くあまり飛はない。

②**加害様相** 広食性で，おもに広葉草本の葉を食べる。軟弱野菜では，商品になる部分が食害されるので，無防除園では被害が大きい。

若齢幼虫は，葉の表面をなめるように食害して葉に小さな穴をあけたり，葉の表面の表皮を残したりする食害痕がみられる。こうした食害はハスモンヨトウのそれと似るが，本種の若齢幼虫は表面から食害して裏面の表皮を残すので，ハスモンヨトウの食害とは区別できる。

中齢幼虫も葉表から食害して，葉に点々と不規則な円形の孔をあける。

3｜生活環の遮断と防除方法

①**耕種的防除** 場周辺の雑草地などが発生源になるので，圃場周辺の除草や耕耘を行ない，成虫はみつけしだい捕殺する。登録農薬がないため，これらの作業は重要である。

②**薬剤防除** 登録薬剤はない。

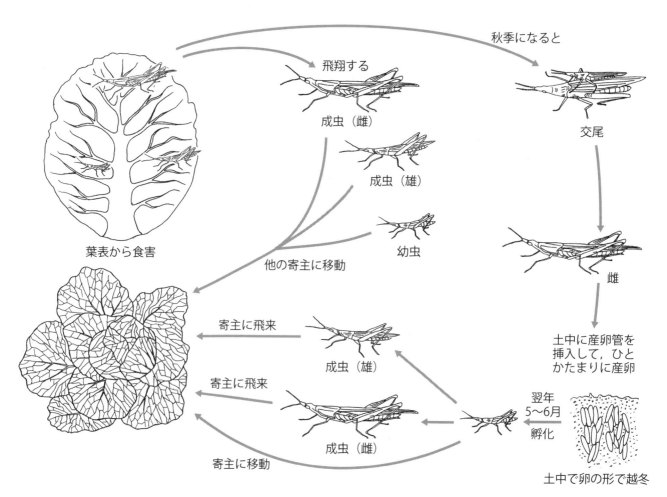

第19図　オンブバッタの生活環と加害（キャベツのオンブバッタ）

（根本・米山原図）

20 コオロギ類

1 | 生活環

野菜や花き類を加害するのはエンマコオロギ（*Teleogryllus emma*），ミツカドコオロギ（*Loxoblemmus doenitzi*），ツヅレサセコオロギ（*Velarifictorus micado*）などで，いずれも全国的に分布する。年1回発生し，土壌中に産みつけられた卵態で越冬する。

6月ごろになると孵化しはじめ，草むらや敷わらなどの下に潜み，幼虫時代は幼植物や植物残渣および雑草種子などを餌にして成長する。8〜9月ごろに成虫になり，作物の加害も多くなる。

2 | 発生経過

①発生　前年秋に土壌中に産みつけられた卵が発生源になる。したがって，前年の夏から秋に雑草が繁茂している場所，敷わらが放置されている場所やその周辺では，発生が多い傾向にある。被害は，成虫が出現する8〜11月ごろまでつづく。

②加害様相　日中は，草，敷わら，マルチなどの下に潜み，おもに夜間に出没して発芽間もない幼植物を食害する。発芽または定植間もない野菜を食害するため欠株となる。ニンジンやサツマイモでは，根部やイモを直径5〜10mm程度にえぐったように食害する。

初秋に晴天がつづく年や降雨の少ない年には，餌となる雑草の芽生えが悪くなり，作物への加害が多くなる。

3 | 生活環の遮断と防除方法

①耕種的防除　圃場周辺を含めて雑草を繁茂させないように管理し，敷わらなどをかたづけてコオロギの生息場所を少なくする。

②薬剤防除　被害のおそれがある場合には，ベイト剤や粒剤などの登録農薬を使用する。

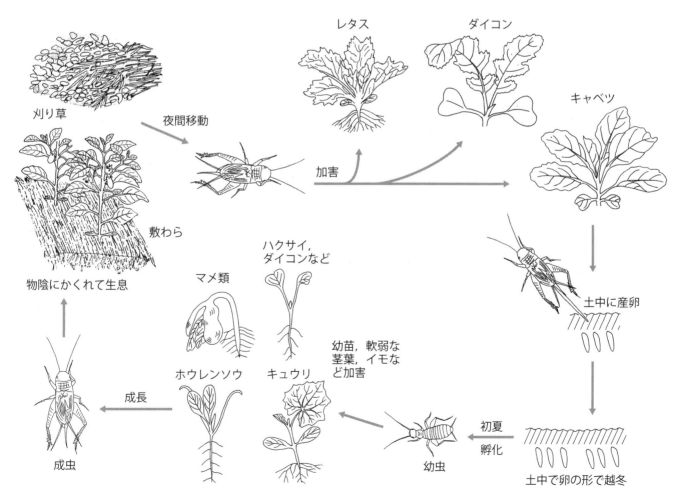

第20図　コオロギの生活環と加害（キャベツ，レタスなどのコオロギ）

（上田・米山原図）

21 ケラ　(Gryllotalpa orientalis)

1｜生活環

幼虫または成虫で越冬し，5～7月ごろに土壌中に産卵室をつくってまとめて産卵する。卵は約2週間で孵化し，秋季には成虫になる。産卵，孵化が遅く発育が遅れ，幼虫態で越冬した個体は，翌年夏季に成虫になる。関東や北陸以西では1世代に1年を，北海道などの寒冷地では1代に2年を要する。

成虫，幼虫ともに土壌中の浅い部分にトンネルを掘って生息し，植物の種子や地下部位を食害する。

2｜発生経過

①**発生**　ケラは適度な湿度と腐植が多い土壌を好むので，このような場所には越冬虫が多く，春先の発生源になる。

作物の地表下に近い部分の茎や根，いもを食害する。水田転換畑などの土壌は，適度の湿り気があり，腐植が多く膨軟で水はけがよいので被害が多い。

②**加害様相**　被害は，成虫が活発に活動する4～7月ごろと9～10月ごろに多く，発芽や定植後間もない若い苗やいもなどが食害される。

ジャガイモでは，いもの表面をかじり，ときには深く食害する。被害が激しいと，いもが次々に食害されて収量・品質が低下する。種いもを加害されると，発芽や生育不良になる。

ムギ類では，とくにオオムギでの被害が多く，10～11月の発芽期～幼苗期に，地ぎわ部が食害されて黄化・枯死する。

3｜生活環の遮断と防除方法

①**耕種的防除**　適度な湿り気があり，膨軟で腐植が多い場所での発生が多く，前年に多発生した圃場では生息密度が高い。また，成虫が活発に活動する産卵前や産卵期，および秋季には被害や発生が多くなるので，これらの圃場や時期の栽培を避けることにより発生を抑制して被害を回避する。

②**薬剤防除**　適用のある土壌消毒剤または粒剤などを処理する。

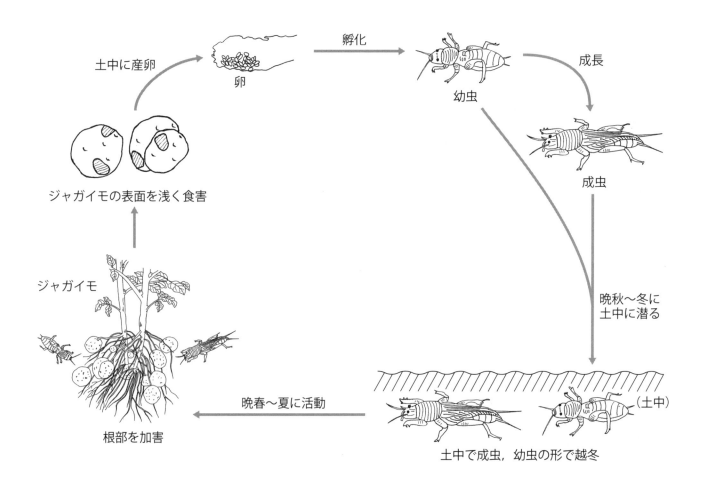

第21図　ケラの生活環と加害（ジャガイモのケラ）

（上田・米山原図）

22 ナミハダニ (Tetranychus urticae)

1｜生活環

雄と雌が交尾するとその子は雄または雌となる両性生殖と，交尾しなかった場合に雄のみを産出する産雄単為生殖を行なう。

卵→幼虫→第1静止期→第1若虫→第2静止期→第2若虫→第3静止期→成虫を経過する。黄緑型（後述）は，インゲンマメを寄主植物とした場合，卵から産卵までの発育期間は27℃で10.5日，総産卵数は165個である。発育零点は10.0℃で，有効積算温度は66.2日度である。赤色型の発育零点は9.91℃，有効積算度は68.49日度である。

2｜発生経過

①**発生** 春から秋に発生し，高温乾燥を好むため梅雨明け後に多発する。黄緑型と赤色型があり，黄緑型は淡黄〜淡黄緑色で背面に大きな二つの黒い斑紋がある夏型雌と，淡橙色で黒紋を欠く休眠雌をもつ。赤色型は，常時赤色で，休眠しない個体群が多い。

果樹やバラに発生する個体群の休眠率は，東北地方から北海道にかけては高く，東海地方から西日本では低い。

②**加害様相** 広食性であり，多種の植物に寄生する。加害された葉は表面に白い小斑点が無数にでき，カスリ状になる。多発生すると，クモの巣状の網膜を張って群生する。おもに草本植物に寄生するが，果樹などの落葉広葉樹にとっても重要害虫である。

3｜生活環の遮断と防除方法

①**耕種的防除** 本種は雑草にも寄生するため，圃場や圃場周辺の除草を徹底する。

施設栽培野菜では，チリカブリダニやミヤコカブリダニなどの天敵資材が利用できる。

②**薬剤防除** ハダニ類は多発すると防除が困難になるため，発生の少ないうちに適用農薬を散布する。ただし本種は，殺ダニ剤に対する感受性が低下している個体群が多く認められるため，散布しても効果が得られない場合はその薬剤の使用を控える。

本種は葉裏に生息する場合が多いため，薬剤散布は，薬液が葉裏にもよくかかるようていねいに行なう。

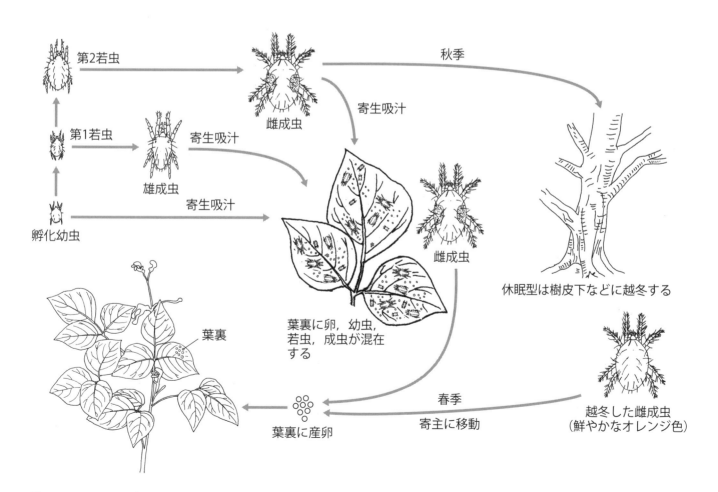

第22図 ナミハダニの生活環と加害（インゲンマメのナミハダニ）　　　（根本・米山原図）

23 トマトサビダニ (*Aculops lycopersici*)

1 | 生活環

好適発育温湿度は 26.5℃，30％で，温暖で乾燥した条件を好む。卵→第 1 若虫→第 2 若虫→成虫を経過するが，最適条件下では卵 2 日，第 1 若虫 1 日，第 2 若虫 2 日で，卵から次世代の卵を産むまでの期間は 6～7 日である。雌 1 頭は一生のあいだに 50 個内外の卵を産む。なお，21.1℃では好適湿度が 60％ で，一世代の期間は 9.8 日である。

2 | 発生経過

①**発生** 露地では夏季の少雨時に，施設では冬季でも発生する。寄生されたトマトなどに触れた人に付着して運ばれることが多い。昆虫の体や風によっても運ばれる。第 1 若虫や産卵中の成虫では移動性は少ないが，第 2 若虫以降産卵するまでの発育段階の個体は移動性が高い。

本種は休眠しないと考えられ，寄主物のない状態では越冬できない。施設内や無霜地帯など，冬季に寄主植物があるところでは越冬が可能であると考えられている。

②**加害様相** 加害されたトマトは，茎の地ぎわ部から上方に向かって枯れ上がり，加害された茎や葉柄は光沢のある緑褐色〜黄褐色に変色し，やや水浸状に見える。この症状はトマトサビダニの寄生を知るために重要である。幼果が加害されると，表面がカサブタ状になって肥大が止まる。

下葉から黄変して枯れ上がった株は，土壌病害に侵されたようにみえるが，土壌病害のように葉が萎れることがなく，根もしっかりと根づいている。被害株の葉の裏面は薄い銀色の光沢を放ち，表または裏側にカールする。密度が高くなって被害が進行すると，乾燥枯死する場合もある。

サビダニの生息部位はおもに葉や茎の毛のあいだで，被害がすすむと葉，茎，果実の表面に密集して周囲に分散する。無防除または減農薬栽培で発生が多い傾向がある。トマト以外のナス科作物にも寄生する。

3 | 生活環の遮断と防除方法

①**耕種的防除** 発生した場合，薬剤防除以外に有効な方法はない。管理作業によっても広がるので，発生初期を逃さずに発見することが重要である。

②**薬剤防除** 本圃のハウスにサビダニのついたトマト苗をもち込まないようにするためには，育苗中の防除が重要である。圃場をよく観察し，発生初期に登録農薬を茎や葉裏によくかかるように散布する。

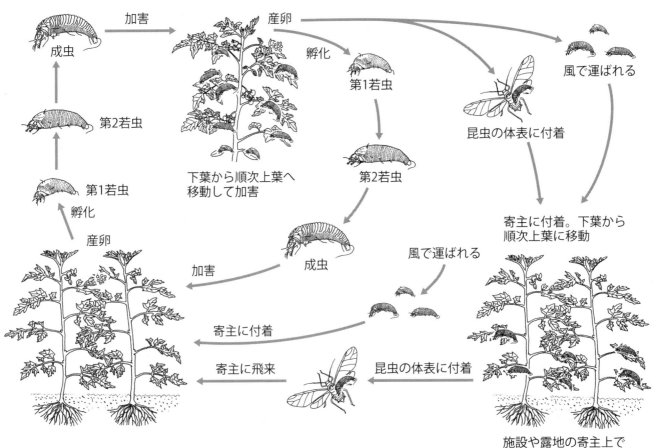

第 23 図 トマトサビダニの生活環と加害（トマトのトマトサビダニ） （根本・米山原図）

24 ロビンネダニ （*Trhizoglyphus robini*）

1｜生活環
おもに，ユリ科作物が作付けされた圃場で周年生息すると推察される。コナダニ類は，卵→幼虫→第1若虫→第3若虫→成虫を経過する。

ときに，劣悪な環境条件で耐性を示すヒポプス（hypopus）と呼ばれる耐久態が，第1若虫と第3若虫のあいだにはいることがある。ヒポプスは摂食を行なわない。ヒポプスは扁平で外皮が厚く，口器を欠き，腹面末端に吸着板がある。この吸着板は，昆虫などに付着して移動するときに使用される。

雌の体長は0.5～1.1mm，雄の体長は0.45～0.72mmである。通常の雄から大型の異形雄を生じ，第3脚は非常に肥大する。

本種は無気門亜目に属し，このグループは気門を欠くのが特徴である。20～30℃での卵から成虫までの発育日数は10～17日で，1雌当たりの産卵数は約100個である。

2｜発生経過
①**発生**　ロビンネダニの発育には高湿度が必要で，春から秋に発生が多い。酸性の火山灰土壌や砂質土壌で発生が多い。水中では生息できないためか，水田跡地では発生が少ない。

被害を受けた後にユリ科作物を連作すると，土中の生息密度が高まり被害が大きくなる。

②**加害様相**　生育不良のネギなどの株を引き抜くと株元でちぎれ，簡単に抜ける。そのような株の株元を観察するとネダニが群生していることが多い。

3｜生活環の遮断と防除方法
①**耕種的防除**　既発生地またはその近くでは，ユリ科作物を作付けしない。また，湛水処理も有効である。

②**薬剤防除**　登録にしたがい，適用農薬を処理する。

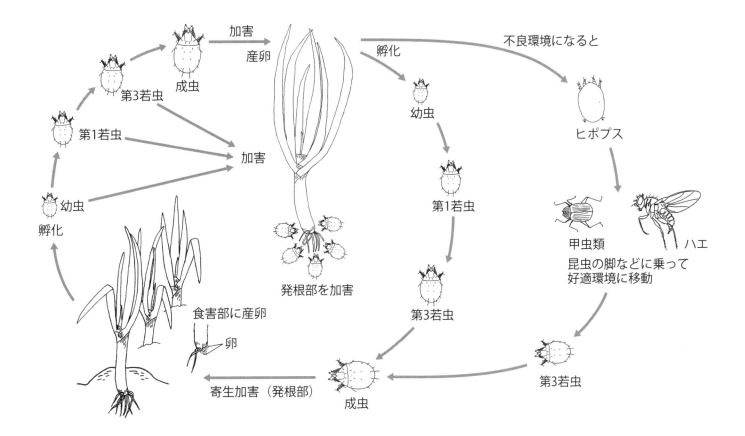

第24図　ロビンネダニの生活環と加害（ネギのロビンネダニ）　　　　　（根本・米山原図）

25 オカダンゴムシ (*Armadillidium vulgare*)

1 | 生活環

1世代に2年を要し，成虫または幼虫で越冬するが，温度が高くなれば冬季でも活動する。越冬した成虫は，4月から交尾を始め，産卵は5月ごろから始まり9月ごろまでつづく。繁殖期になると雌成虫の胸部腹面に薄い膜の育房が形成され，この中に数十個の卵を産みつける。卵は1～2週間で孵化し，しばらく育房内ですごしたのち育房外に出てくるが，1～2カ月間は雌成虫から離れずに生息する。

幼虫は脱皮をくり返しながら発育し，1年目の冬は幼虫態で越冬する。冬を越した幼虫は，気温の上昇とともに活動を始め，次の秋までに成虫になって越冬にはいる。

2 | 発生経過

①**発生** 発育適温は20～25℃前後と考えられ，湿気のある場所に好んで生息するが，水がたまるような排水不良や高温になる場所には生息しない。日中は植木鉢の裏，石の下，植物や落葉などの物陰に潜み，夜間に活動する。

②**加害様相** オカダンゴムシは雑食性で，腐植，落葉や動物死骸などを餌とするほか，ナス科，ウリ科，アブラナ科など各種野菜，花きの新芽，新葉，花弁，幼果，ならびにクローバー，アルファルファ，ダイズなどマメ科作物や牧草の柔らかい新芽，茎葉などを食害する。とくに，地表に接したり地上低く位置している植物部位が被害を受けやすい。

野菜苗などで被害が激しい場合には，茎と葉柄を残して食べつくされることもある。幼虫はおもに腐ったものを食べるが，幼虫後期～成虫になると生の植物も食べるようになり，とくに繁殖期前の春先に植物への食害が目立つ。

3 | 生活環の遮断と防除方法

①**耕種的防除** 湿気を好む害虫なので，湿度を下げるように管理することも大切である。また，栽培地周辺での植物残渣の放置や集積は，オカダンゴムシの餌および生息場所になる。

密植や肥料過多などによる過繁茂は，植物を軟弱にして加害を受けやすくするとともに，日光を遮り湿った環境をつくり出して生息に好適条件になる。栽培環境を改善し，温度，湿度，照度，隠れ場所，餌などの条件がオカダンゴムシに適さないようにすることがポイントになる。

②**薬剤防除** 登録農薬を，登録内容にしたがって処理する。

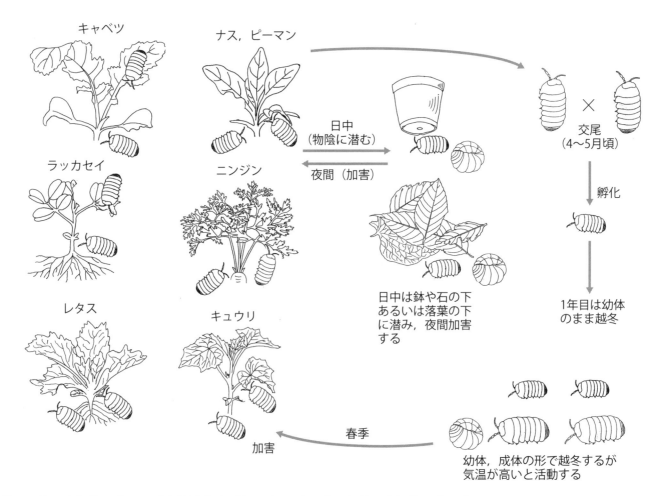

第25図 オカダンゴムシの生活環と加害（キャベツ，キュウリなどのオカダンゴムシ） （上田・米山原図）

26 ナメクジ (*Incilaria bilineata*)

1 | 生活環

　ナメクジ類には約9種が存在し，いずれも通常1年に1世代である。ナメクジ成体の体長は約6cm，体色は淡褐色で背面に黒色の3本の縦すじがある。ノナメクジ（*Deroceras varians*，ノハラナメクジ）成体の体長は約2〜3cm，体色は黒褐色である。コウラナメクジ（*Limax flavus*）成体の体長は約7cm，体色は黄色である。

　ナメクジの種類によって多少ちがうが，多くは幼体または成体で土壌中や鉢底などで越冬する。ナメクジ類の生息適温は15〜30℃であり，加温する施設栽培などでは冬季にも活動するが，野外ではおもに3〜10月に活動する。

　昼間は土壌中や鉢底などの物陰に潜み，夜間に活動する。多湿条件を好むので，雨の多い梅雨期の6〜7月と秋の9〜10月，湿り気の多い圃場や栽培管理で発生が多い。

　ナメクジの成体は，越冬後の4〜6月ごろに数十個の卵をひとかたまりとして，生息場所の植物の株元や土壌中などに産みつける。卵は約40日で孵化し，秋までに成体になる。

　コウラナメクジは秋に産卵し，年内に孵化した幼体が越冬する。ノナメクジは，春と夏〜秋の2回産卵する。

2 | 発生経過

　①発生　土壌や作物残渣の中または鉢の底などで越冬した成体，幼体，および前年の秋に土壌中などに産みつけられた卵塊が翌年まで圃場や施設に残り，次作の発生源になる。花きや観葉植物などのポット栽培では，鉢の底などに潜んでいるナメクジ類が発生源になる。

　②加害様相　アブラナ科など葉菜類での被害は，ヨトウムシ類やウスカワマイマイなどの食害痕と似ている。アブラナ科では，初期に下葉または外葉に小さな孔があくような食害が見られ，その後比較的大きな孔をあけるように食害する。さらに発生が多くなると，葉は葉脈を残して食いつくされ，新葉や花蕾も食害される。

　セルリーでは，発生初期に葉が不規則に食害され，その後新葉や葉柄が食害される。

　イチゴ，ナス，キュウリなどの果菜類では，直径約5mm，深さ5mm前後の孔をあけたように食害する。また，ナメクジ類による直接の被害以外に，葉や果実の表面にナメクジ類が這った痕の銀色の粘着物と黒い排泄物が付着し，品質低下の原因になる。

　ブロッコリーやカリフラワーなどでは，花蕾内に潜んでいるナメクジ類が問題となることがある。

3 | 生活環の遮断と防除方法

　①耕種的防除　ナメクジ類は多湿を好むので，頻繁な灌水をひかえて圃場の排水や乾燥に努める。作物残渣の堆積や敷わらなどは，ナメクジ類の生息に好適な場所になるので除去する。また，被害を受けやすい野菜の連作を避ける。

　②薬剤防除　被害や発生が見られる場合や常発圃場では，ナメクジ駆除剤を散布する。メタアルデヒド剤は吸水すると効果が低下するので，野外では降雨のおそれがあるときを避け，施設では灌水によって濡れないよう注意する。

　ビールなどを利用した誘引源を用いて捕殺することも有効である。また，施設に発生するナメクジ類は，太陽熱消毒により防除することができる。

（生活環と加害の図は104ページ）

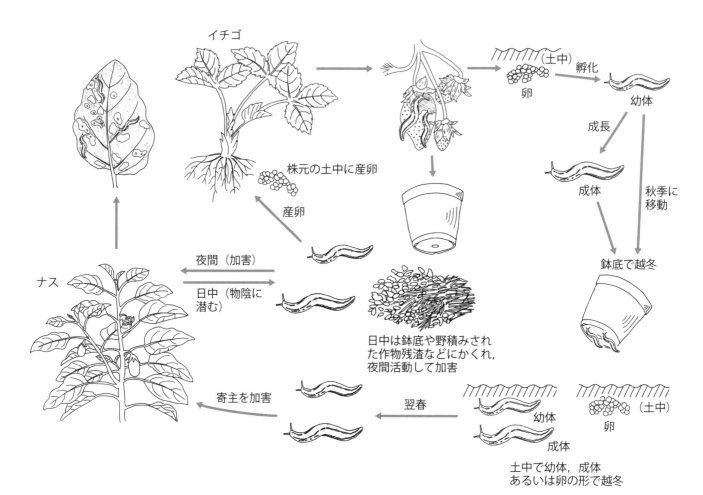

第26図　ナメクジの生活環と加害（ナス，イチゴなどのナメクジ）　　　　　　　　　　　（上田・米山原図）

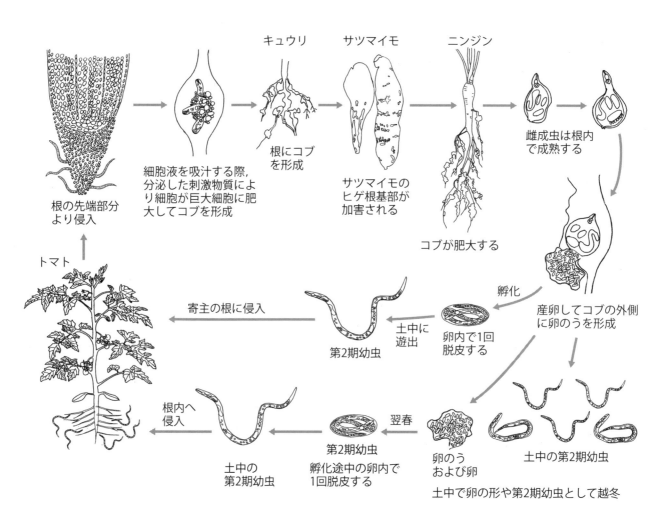

第27図　ネコブセンチュウの生活環と加害（トマトのネコブセンチュウ）　　　　　　　　（上田・米山原図）

27 ネコブセンチュウ類

1| 生活環

ネコブセンチュウは，土壌中で卵および幼虫態で越冬する。卵殻内で第1期幼虫になり，1回脱皮した2期幼虫が卵殻から脱出して土壌中に遊出する。

2期幼虫は，野菜の根の先端部から侵入し，幼虫が定着した部分の細胞の巨大化と周辺細胞の異常分裂によって根こぶが形成される。

幼虫は巨大化した細胞から養分を摂取して発育し，第3期，第4期幼虫を経て西洋ナシ状の雌成虫になる。

2| 発生経過

①発生　冬季間を除いて発生する。第一次発生源は，土壌中に残った卵および2期幼虫である。いも類などの栄養繁殖野菜では，汚染種いもなども発生源になる。

休作すればセンチュウ密度はしだいに減少するが，数カ月後でも生存率は高い。農業機械などで，汚染土壌が他の圃場に広がる。

国内では，サツマイモネコブセンチュウ（*Meloidogyne incognita*），キタネコブセンチュウ（*M.hapla*），アレナリアネコブセンチュウ（*M.arenaria*）およびジャワネコブセンチュウ（*M.javanica*）が主であり，いずれも多犯性である。

サツマイモネコブセンチュウは，東北地方南部以南に分布するが，施設栽培では北海道，東北地方でも発生が確認されている。

発育適温は，サツマイモネコブセンチュウ，アレナリアネコブセンチュウ，ジャワネコブセンチュウが 25 ～ 30℃，キタネコブセンチュウが 20 ～ 25℃ であり，いずれも1世代に約1カ月を要する。

②加害様相　ネコブセンチュウが寄生した根は部分的に肥大し，根こぶを形成する。ウリ科やナス科野菜では数珠状に根こぶが連続して形成され，多発すると根こぶ同士が融合して根全体が肥大して見える。

被害が激しいと水分吸収が悪くなり，果実肥大盛期や晴天時に地上部が萎れて生育不良になる。また，土壌伝染性病害の発生が助長される場合がある。

3| 生活環の遮断と防除方法

①耕種的防除　作物の作付け後に防除することはできないので，前作で被害を認めた場合は，防除対策をとる。

ネコブセンチュウに好適な作物を連作すると生息密度が高まって恒常的な多発原因になるため，好適作物の連作は避ける。

線虫抵抗性品種がある作物では，抵抗性品種を利用する。また，線虫対抗植物の作付けにより，線虫密度を低下させる。線虫非寄生作物の作付けも，圃場の線虫密度低減に有効である。

線虫は高温で死滅するので，太陽熱土壌消毒，還元型土壌消毒，温水処理などは有効である。ただし，圃場周縁部は温度が上がりにくいため，十分な防除効果が得られない場合がある。

また，種子や種いもの温湯消毒も有効である。

②薬剤防除　土壌くん蒸剤や土壌処理剤の処理を行なう。深さ 30cm 以上の深い層にも生息するため，薬剤は深くまで到達するよう処理する。土壌消毒後は深耕を行なわない。

（生活環と加害の図は 104 ページ）

28 ネグサレセンチュウ類

1｜生活環

国内では，キタネグサレセンチュウ（*Pratylenchus penetrans*），ミナミネグサレセンチュウ（*P.coffeae*），クルミネグサレセンチュウ（*P.vulnus*）の3種がある。発育適温はおおむね20～30℃であり，1世代に30～40日を要し，年間4～5世代を経過する。キタネグサレセンチュウはやや低温を好み，発育適温は20～25℃である。冬期間は，卵，幼虫，成虫の各ステージで，植物根内などで越冬する。

成虫は根内を移動しながら200個程度の卵を産みつける。

2｜発生経過

①**発生** 冬期間を除いて発生する。第一次発生源は，土壌中に残った成虫と幼虫である。栄養繁殖する野菜などでは，汚染種いもなどが発生源になる。また農業機械などにより，汚染土壌が他の圃場に広がる。

②**加害様相** 被害初期の根には長さ数mm，紡錘形の赤褐色斑ができ，しだいに拡大，増加して根部全体に広がり，黒変して根は腐敗，脱落する。地上部には明瞭な病徴を示さないが，被害株は根張りが悪いため生育不良になり，しだいに圃場全体に拡大する。発生圃場全体の様相は湿害や養分障害の症状にも見えるが，ネグサレセンチュウの場合には回復することなくさらに症状が顕著になる。

3｜生活環の遮断と防除方法

①**耕種的防除** 作物の作付け後に防除することはできないので，前作で被害を認めた場合は，防除対策をとる。ネグサレセンチュウに好適な作物を連作すると生息密度が高まって恒常的な多発原因になるため，好適作物の連作を避ける。前作の残渣を十分に腐熟させるため，次作の作付けまでの期間を十分にとり，防除を実施する。サツマイモでは，抵抗性品種の作付けが有効である。また，線虫対抗植物であるマリーゴールドやヘイオーツの栽培による防除効果は高い。

線虫は高温で死滅するため，太陽熱土壌消毒，還元型土壌消毒，温水処理などは有効である。ただし，圃場周縁部は温度が上がりにくいため，十分な防除効果が得られない場合がある。種子や種いもの温湯消毒も有効である。

②**薬剤防除** 土壌くん蒸剤や土壌処理剤の処理を行なう。深さ30cm以上の深い層にも生息するため，薬剤は深くまで到達するよう処理する。土壌消毒後は深耕を行なわない。

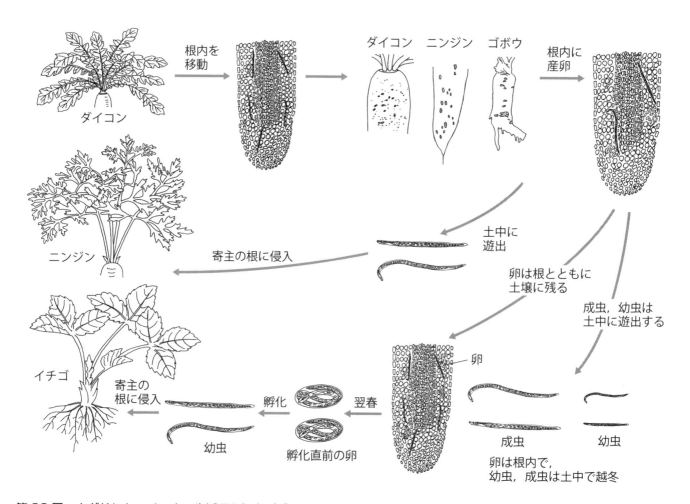

第28図　ネグサレセンチュウの生活環と加害（ダイコン，ニンジンなどのネグサレセンチュウ）　　　（上田・米山原図）

29 シストセンチュウ類

1 | 生活環

冬季は,土壌中のシスト中の卵で越冬する。発育限界温度は約10℃で,春になって地温が上昇して作物が栽培されると,幼虫が孵化する。土壌中に遊出した孵化幼虫は,作物の根に侵入し,養分を摂取しながら3回脱皮して成虫になる。ダイズシストセンチュウ（*Heterodera glycines*）雌成虫の体はレモン形に,ジャガイモシストセンチュウ（*Globodera rostochiensis*）は球形に肥大し,頸部を根内に残したままで体を根の外に露出する。体内には数百個の卵をもち,シストとなって根から離脱する。シスト内の卵は高い環境耐性をもち,長年にわたり土壌中に生存する。

2 | 発生経過

①**発生** 冬期間を除いて発生する。発生圃場の土壌中に残されたシストが発生源になり,土壌とともに農機具に付着して他の圃場へ拡散する。シスト内の卵は長年耐久生存するので,短期の輪作や休作では被害を軽減できない。膨軟で通気性,適度の湿り気のある火山灰土壌で発生が多い。

②**加害様相** ダイズやインゲンのダイズシストセンチュウの被害は,栽培開始から1カ月半ほどであらわれる。葉色は淡く黄化し,草丈や着莢数が著しく減少し,生育不良のまま早期に落葉することが多く,大きな減収になる。

3 | 生活環の遮断と防除方法

①**耕種的防除** シストセンチュウ類は,一度発生すると駆逐は困難である。このため,未発生圃場では侵入防止のため健全な種苗を使い,発生地からの機械や資材の移動に注意する。わずかでも発生が確認された場合は,次作以降は非寄主作物を栽培し,他圃場への拡大を防止するために機械をよく洗浄し,発生圃場の作業は最後に行なう。

ダイズシストセンチュウに対しては,クローバー類やクロタラリアの栽培が密度の低減に有効であることが知られている。シストセンチュウは寄主植物が限られているので,非寄主作物との輪作によって多発を抑制する。ダイズでは,生育期の窒素追肥によってある程度の被害軽減ができる。

本線虫も高温で死滅するので,太陽熱土壌消毒,還元型土壌消毒,温水処理などは有効であるが,ネコブセンチュウやネグサレセンチュウほどの効果は期待できない。

②**薬剤防除** 土壌施用粒剤の処理や,D－Dなどの土壌消毒剤の処理は,線虫密度の低減に効果的だが,薬剤のみで完全に防除することはできない。土壌消毒後は,土壌の移動や撹拌を控えて再汚染を防ぐ。

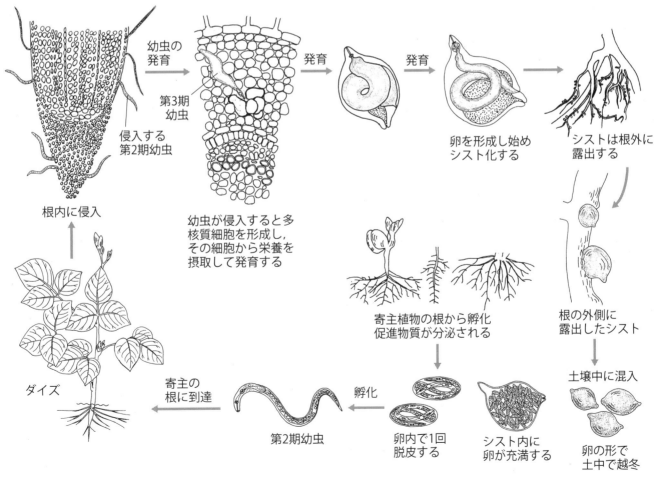

第29図 シストセンチュウの生活環と加害（ダイズのシストセンチュウ）　　　（上田・米山原図）

【著者略歴】

米山伸吾（よねやま　しんご）

　東京生まれ。千葉大学園芸学部（植物病理学）卒業。農学博士

　卒業後，植物病理学研究室の研究助手（無給）として2～3年間過ごしたのち，文部教官（助手）に任官した。その後，新設の茨城県園芸試験場に転任。園芸作物（とくに野菜，花卉類）の病害防除を担当。当時県南部の温室で栽培されていた，チューリップの球根腐敗病の防除法を確立した。さらに，当時全県的に栽培されていたキュウリの露地やハウス栽培で激発したつる割病の防除，とくにカボチャ台木にキュウリを接木すると病原菌が根から侵入・感染しない原因を，わが国だけでなく，諸外国も含めてはじめて明らかにした。この研究によって，県内だけでなくわが国のキュウリの安定的生産を科学的に解明したことを論文にして，農学博士の学位を授与された。

　その後も，野菜，花卉類の土壌病害や，根，茎，花などに発生する病害防除に専念し，県内の主要な園芸作物の土壌病害の防除法を確立して生産を安定させた業績により，個人として県知事表彰を受けた。また，県南部の鹿島地区のピーマンに激発した，今までに発生していなかった新しいウイルス病の防除技術を確立して，わが国有数のピーマン生産地の基礎の確立に寄与した。そして，多くの園芸作物病害の発生生態の解明と防除法を確立したとして，全国の農業と園芸関係の研究所長会から，全国十数人のなかの1名として，研究功労賞（第一回目）を受賞した。さらに，海外から来日した，園芸作物の栽培技術研修生に対する病害防除技術研修への協力で，JICA（国際技術協力事業団）から感謝状を授与された。

　また，現職時代には，植物病理学会の大会や地域別の部会では，毎年，新病害の発見や新しい防除対策の問題点などを報告した。これらのことから，2007（平成19）年には「植物病理学の進歩と発展への貢献」によって，植物病理学会の総会の決議により十数人のなかの1名として永年会員に推挙された。

　著書：『農業総覧　病害虫防除・資材編』，『農業総覧　病害虫防除・診断編』，『病気・害虫の出方と農薬選び』，『農薬・防除便覧』，『家庭菜園の病気と害虫』，『家庭園芸　草花の病気と害虫』，『庭先果樹の病気と害虫』，『庭木の病気と害虫』，『図説　野菜の病気と害虫　伝染環・生活環と防除法』以上農文協（共著），『日本植物病害大事典』全国農村教育協会（共著），『病気・害虫の診断と対策』日本放送出版協会（共著）など。

【イラスト】

米山　伸吾

根本　　久

上田　康郎

野菜の病気と害虫

図解　伝染環・生活環と防除のポイント

2019 年 12 月 20 日　　　第 1 刷発行

著者　米山伸吾

発行所　一般社団法人　農山漁村文化協会

〒 107 - 8668　　東京都港区赤坂 7 - 6 - 1

電話　03（3585）1142（営業）　　03（3585）1147（編集）

FAX　03（3585）3668　　　振替　00120 - 3 - 144478

URL.　http://www.ruralnet.or.jp/

ISBN 978 - 4 - 540 - 18115 - 3　　製作 / 條　克己

〈検印廃止〉　　　　　　　　　　印刷・製本 / 凸版印刷（株）

ⓒ米山伸吾 2019　Printed in Japan

定価はカバーに表示

乱丁・落丁本はお取り替えいたします

農文協図書案内

新版 病気・害虫の出方と農薬選び

仕組みを知って上手に防除

米山伸吾・草刈眞一・柴尾 学 著　2,400 円＋税

防除の基本である、病気・害虫の発生生態にあわせた的確な薬剤選択・散布タイミングのとり方を、豊富な図版をもとに解説。系統別の薬剤選択ができる RAC コードも各農薬に付記。

新版 家庭菜園の病気と害虫

見分け方と防ぎ方

米山伸吾・木村 裕 著　2,600 円＋税

豊富なカラー写真とイラストで病気・害虫を診断し、野菜別の年間発生時期の表と農薬表に合わせて的確に防除。さらに病原菌と害虫の生態や、種子消毒・土壌消毒の方法、農薬の安全使用など、防除に役立つ情報を満載。

家庭園芸 草花の病気と害虫

見分け方と防ぎ方

米山伸吾・木村 裕 著　2,667 円＋税

一・二年草、宿根草、シクラメン・球根類、バラ、ラン、観葉・多肉植物、サボテン、シバの全 42 品目の病害虫をカラー写真と検索イラストで判定できる。病害虫の発生生態をふまえた防除のポイント、農薬の選び方。

アザミウマ防除ハンドブック

診断フローチャート付

柴尾 学 著　2,200 円＋税

アザミウマは多くの農作物を吸汁・加害し、ウイルスも媒介する難防除害虫。本書は栽培品目ごとに加害種の簡易診断法を示し、薬剤の系統分類、色や光を利用した防除法、生物農薬、土着天敵利用など最新防除法を収録。

ウンカ防除ハンドブック

松村正哉 著　1,800 円＋税

海外から飛来するイネの大害虫ウンカ。特効薬の効果が低下するなか、変貌するウンカの最新生態から、抵抗性を考えた農薬選び、散布方法、農薬に頼らない方法まで解説する。

ハモグリバエ防除ハンドブック

6 種を見分けるフローチャート付

德丸 晋 著　2,000 円＋税

作物名と絵描き痕から種類を特定できるフローチャートを初公開。作物別の防ぎ方をわかりやすく解説し、捕獲数 5 倍の黄色粘着ロールの張り方、効果抜群の土着天敵活用の知恵も満載。

ハダニ防除ハンドブック

失敗しない殺ダニ剤と天敵の使い方

國本佳範 編著　2,200 円＋税

体長 0.5mm のハダニ類は発見が難しく、薬剤抵抗性の発達も顕著だ。薬剤散布の技術差も大きい。薬剤の選び方・回し方、葉裏までかかる散布、天敵たちによる連携プレー攻撃、最新の物理的防除で、極小の大害虫を防ぐ！

タバココナジラミ

おもしろ生態とかしこい防ぎ方

行徳 裕 著　1,700 円＋税

農薬に極強のバイオタイプ Q が、ウイルス病とタッグを組むことで一気に難防除害虫になったタバココナジラミ。入れない、増やさない、出さない、栽培をつながない対策で被害を回避。

チャノキイロアザミウマ

おもしろ生態とかしこい防ぎ方

多々良明夫 著　1,571 円＋税

チャノキイロは意外と小心。ほかの虫がそばにくると、そわそわうろうろ…焦って、やたら歩き回る。雑多な虫を残す管理、農薬選びで被害を減らす新しい IPM 防除の実際を提案。

コナガ

おもしろ生態とかしこい防ぎ方

田中 寛 著　1,267 円＋税

アブラナ科野菜の主要な害虫で、農薬が効かない薬剤抵抗性が発達しているコナガ。その生活史と弱点、抵抗性発達のしくみとその防ぎ方、さらに防除のアイデアをふんだんに紹介。

ナシ黒星病

おもしろ生態とかしこい防ぎ方

梅本清作 著　1,600 ＋税

この防除が完璧なら、その年の収入は確保されたとさえ云われるナシ黒星病。成功のカギは、罹病落葉の早期処理と芽鱗片への感染を防ぐ秋防除、感染適期の開花期前後の農薬散布。そのゴクイを研究歴 40 年の著者が詳解。

モグラ

おもしろ生態とかしこい防ぎ方

井上雅央・秋山雅世 著　1,500 円＋税

田んぼや畑、果樹園とどこにでもトンネルを掘るモグラ。ホントに根っこをかじるの？ 効果的な撃退機はあるの？ 知られざる生態と、板きれ 1 枚で生活道を見つける方法を写真で紹介。読めば誰でも捕獲名人になれる一冊。

これで防げる

イチゴの炭疽病、萎黄病

石川成寿 著　1,900 円＋税

弱点をつく防除対策を徹底して確実に防ぐ。エタノール簡易診断法で潜在感染株をチェック、2 段階採苗法で苗を病原菌フリーになどで「持ち込まない」。育苗専用ハウスによる育苗や水はねしないかん水で「拡げない」。

バラの病気と害虫

見分け方と防ぎ方

長井雄治 著　1,619 円＋税

確実防除と減農薬には防除のタイミングが大切。季節と月ごとに、発生しやすい病害虫と防除方法を紹介。14 病害、12 害虫をカラー写真で診断。被害の特徴から防除を親切に解説。

農文協図書案内

すぐわかる 病害虫ポケット図鑑

大阪府植物防疫協会 編　2,200円＋税

花・庭木・野菜・果樹・水稲85品目の病害虫521種がすぐわかるポケット図鑑。典型的な病気の症状や害虫の写真704枚を掲載し、被害の特徴、生態、防ぎ方のポイントを平易に解説。農薬以外の防ぎ方、効く農薬もわかる。

だれでもできる
果樹の病害虫防除

ラクして減農薬

田代暢哉 著　1,600円＋税

果樹防除のコツは散布回数よりタイミングと量が大事。とくに生育初期はたっぷりかける！など、本当の減農薬を実現させるための〝根拠〟に基づく農薬知識、科学的防除法を解説。たしかな「防除力」を身につける。

天敵利用の基礎と実際

減農薬のための上手な使い方

根本久・和田哲夫 編著　2,800円＋税

施設の天敵「製剤」と露地の土着天敵。アプローチが異なるそれぞれの天敵利用の実際を再整理し、間違いのない活用法、減農薬につながる具体的技術を示す。躍進著しいスペイン、そして国内の先進事例を多数収録。

有機栽培の病気と害虫

出さない工夫と防ぎ方

小祝政明 著　1,800円＋税

〝ミネラル優先・チッソ後追い〟の施肥で作物の、〝中熟堆肥＋太陽熱養生処理〟で畑と土の防御力をアップ。さらに、堆肥菌液、納豆水など有用菌群の土壌施用や作物散布との合わせ技で防ぐ有機栽培の病気と害虫。

農家が教える
石灰で防ぐ病気と害虫

農文協 編　1,400円＋税

全国の農家の間で話題になっている、身近な資材である石灰を病害虫対策に生かす「石灰防除」の技を集大成。病原菌侵入時の細胞写真、カルシウムによる誘導抵抗性の研究など、最新研究成果もあわせて追究した。

身近な素材でつくる
ボカシ肥・発酵肥料

生ごみ，くず，かす，草，落ち葉・・・とことん活用読本

農文協 編　1,800円＋税

生ごみ、くず、かす、草、落ち葉など捨てればごみでも、発酵させればボカシ肥や発酵肥料・堆肥に。身近な有機物を宝に変える知恵を満載。植物エキスの天恵緑汁、魚のアラを使った魚腸木酢、簡易なバイオガス利用も。

農家が教える
農薬に頼らない 病害虫防除ハンドブック

農文協 編　1,800円＋税

家族のために栽培する家庭菜園では、できるかぎり化学農薬にはたよりたくないもの。本書は、混植・混作、土着天敵、手作り農薬など、農家が病害虫との日々の格闘の中から創りあげてきた「防除の知恵」を網羅した一冊。

ドクター古藤（コトー）の家庭菜園診療所

古藤俊二 著　1,500円＋税

ＪＡ資材センターの名物店長が、貴方の野菜つくりの疑問に答えます。栽培法はもちろん、ぼかし肥や発酵液などの手作り肥料、病害虫防除の手作り資材まで、あっと驚く独創的な技満載です。

天敵活用大事典

農文協 編　23,000円＋税

天敵280余種を網羅し、1000点超の貴重な写真を掲載。第一線の研究者約120名が各種の生態と利用法を徹底解説。「天敵温存植物」「バンカー法」など天敵の保護・強化法、野菜・果樹11品目20地域の天敵活用事例も充実。

原色 野菜の病害虫診断事典

農文協 編　B5変形判　上製　784頁　16,000円＋税

51品目345病害、29品目182害虫について1400枚余、216頁のカラー写真で圃場そのままの病徴や被害を再現。病害虫の専門家129名が病害虫ごとに、被害と診断、生態、発生条件と対策の要点を解説。図解目次や索引で引きやすさも実現。

原色 果樹の病害虫診断事典

農文協 編　B5変形判　上製　800頁　14,000円＋税

17品目226病害、309害虫について約1900枚、260頁余のカラー写真で圃場そのままの病徴や被害を再現。病害虫の専門家92名が病害虫ごとに、被害と診断、生態、発生条件と対策の要点を解説。図解目次や索引で引きやすさも実現。

DVD 病害虫防除の基本技術と実際　全4巻

農文協 企画・制作　全11時間7分　全4巻40,000円＋税
　　　　　　　　　　　　　　　　　　各巻10,000円＋税

DVDで学ぶ病害虫防除映像事典。テレビやパソコンの画面を見ながら、静止画＋動画＋わかりやすい音声解説（ナレーション）で防除のコツを指南。楽しみながら身につける病気・害虫の防ぎ方・つきあい方。

第1巻　農薬利用と各種の防除法（190分）
これだけは知っておきたい防除の基本，知恵と技（31テーマ，各2〜12分）

第2巻　病気別・伝染環と防除のポイント（病気編）（170分）
伝染環をふまえた野菜の病気の診断と防除の最新技術（19テーマ，各5〜15分）

第3巻　害虫別・発生生態と防除のポイント（害虫編）（157分）
発生生態をふまえた野菜の害虫の診断と防除の最新技術（20テーマ，各5〜12分）

第4巻　天敵・自然農薬・身近な防除資材（150分）
土着天敵活用など，効果バツグンの農家の工夫（26テーマ，各2〜12分）

農文協図書案内

農学基礎シリーズ
応用昆虫学の基礎
後藤哲雄・上遠野冨士夫 編著　4,500 円＋税
形態、分類、生理、生態、生殖、遺伝など昆虫学の基礎から防除と総合的管理、予察、植物検疫、昆虫機能の利用まで、ビジュアルで平易に解説した入門テキスト。化学的防除とともに生物的防除や総合的害虫管理を重視。

農学基礎セミナー
病害虫・雑草防除の基礎
大串龍一 他著　1,500 円＋税
病害虫・雑草の種類や分布、生態や形態と見分け方、被害と防除の基礎。農薬の性質や使い方。市販の天敵資材、農薬の天敵に対する影響の一覧表。天気図や気象の調べ方、気象の変化、気象災害についても紹介。

新版 要素障害診断事典
清水 武・ＪＡ全農肥料農薬部 著　5,700 円＋税
73 作物の障害について、症状を再現した 616 枚のカラー写真とわかりやすいイラスト 127 点の組み合わせで的確に診断。要素別の発生特徴、診断・調査法、現地での発生状況なども詳述。葉面散布材などの対策資材リスト付。

原色 野菜の要素欠乏・過剰症
症状・診断・対策
渡辺和彦 著　2,800 円＋税
欠乏・過剰症の典型的な症状に加えて病害虫などによる類似症状まで、約 620 枚のカラー写真でリアルに診断。症状と診断のポイント、発生原因、対策、さらに実用的な現地化学診断法「簡単にできる養分テスト法」も詳解。

農薬・防除便覧
米山伸吾・近岡一郎・梅本清作 編　20,000 円＋税
全登録農薬を成分、剤型ごとに分類、解説。専用のオンラインサービスを通じ、失効、適用拡大など最新の適用情報もフォロー。「作物別防除基準」など薬剤選びのコンテンツも充実。農薬がわかり、選べて使える決定版。

原色 野菜病害虫百科 第 2 版 全 7 巻
農文協 編　セット価 77,619 円＋税
全国で栽培するあらゆる野菜類の病害虫防除最新データを満載。被害の部位や症状を図解した絵目次と鮮明なカラー写真で, 病害虫を的確に特定し適期防除ができる。プロ農家や家庭菜園愛好家の座右の書。
1、トマト・ナス・ピーマン他　13,333 円＋税
2、キュウリ・スイカ・メロン他　11,429 円＋税
3、イチゴ・マメ類・スイートコーン他　10,476 円＋税
4、キャベツ・ハクサイ・シュンギク他　10,000 円＋税
5、レタス・ホウレンソウ・セルリー他　10,000 円＋税
6、ネギ類・アスパラガス・ミツバ他　9,524 円＋税
7、ダイコン・ニンジン・イモ類他　12,857 円＋税

原色 作物病害虫百科 第 2 版 全 3 巻
農文協 編　セット価 40,000 円＋税
あらゆる作物の病害虫防除最新データを満載。被害の部位や症状を図解した絵目次と鮮明なカラー写真で, 病害虫を的確に特定し適期防除ができる。増産、食味、安全の三位一体を実現する農家待望の書。
1、イネ　12,857 円
2、ムギ・ダイズ・アズキ・飼料作物他　14,762 円＋税
3、チャ・コンニャク・タバコ他　12,381 円＋税

原色 果樹病害虫百科 第 2 版 全 5 巻
農文協 編　セット価 57,619 円＋税
果樹の病害虫防除の最新データを満載。被害を初期・中期・典型的症状に分け、部位や症状ごとに図解した絵目次、害虫の各生態をカラー写真で示し、だれもが病害虫を的確に判断でき、適期防除を可能にする決定版。
1、カンキツ・キウイフルーツ　11,429 円＋税
2、リンゴ・オウトウ・西洋ナシ・クルミ　11,905 円＋税
3、ブドウ・カキ　10,952 円＋税
4、モモ・ウメ・スモモ・アンズ・クリ　12,381 円＋税
5、ナシ・ビワ・イチジク・マンゴー　10,952 円＋税

花・庭木病害虫大百科 全 7 巻
農文協 編　セット価 120,000 円＋税
265 品目 1686 病害虫を網羅した従来にないスケールの「診断と防除百科」。現場経験が豊富な技術者・研究者が執筆。豊富なカラー写真と症状のイラストで的確に判断。発生しやすい条件や防除のポイントを詳述。
1、草花①（ア〜キ）　18,500 円＋税
2、草花②（ク〜テ）　16,500 円＋税
3、草花③（ト〜ワ）　17,000 円＋税
4、シクラメン・球根類　14,000 円＋税
5、ラン・観葉・サボテン・多肉植物・シバ　16,500 円＋税
6、花木・庭木・緑化樹①（ア〜ツ）　19,000 円＋税
7、花木・庭木・緑化樹②（ツ〜ワ）　18,500 円＋税

農業と環境汚染
日本と世界の土壌環境政策と技術
西尾道徳 著　4,286 円＋税
豊富なデータで日本の土壌管理技術・政策を総括するとともに、欧米の土壌環境政策・技術と比較しながら、土壌肥料の科学者の立場から具体的、実証的に、環境保全と食の安全が両立する農業への転換を提案する。

検証 有機農業
グローバル基準で読みとく理念と課題
西尾道徳 著　6,000 円＋税
日本の有機農業の考え方は歪んでいる。本書は、世界的に見た有機農業誕生から現在まで歴史、各国の有機農業規格、農産物品質・環境への影響、食料供給などの可能性を示し、日本での有機農業の課題を明らかにする。